高等职业教育土建施工类专业融媒体创新系列教材

建筑信息模型（BIM）建模案例教程

U0647399

主　编　王　鑫　杨泽华
副主编　金　路　张　宁

中国建筑工业出版社

图书在版编目（CIP）数据

建筑信息模型（BIM）建模案例教程/王鑫，杨泽华主编；金路，张宁副主编. —北京：中国建筑工业出版社，2023.10

高等职业教育土建施工类专业融媒体创新系列教材

ISBN 978-7-112-29125-0

Ⅰ．①建… Ⅱ．①王… ②杨… ③金… ④张… Ⅲ．①建筑设计－计算机辅助设计－应用软件－高等职业教育－教材 Ⅳ．①TU201.4

中国国家版本馆CIP数据核字（2023）第172207号

责任编辑：滕云飞 张 健
责任校对：李美娜

高等职业教育土建施工类专业融媒体创新系列教材

建筑信息模型（BIM）
建模案例教程

主 编 王 鑫 杨泽华

副主编 金 路 张 宁

*

中国建筑工业出版社出版、发行（北京海淀三里河路9号）

各地新华书店、建筑书店经销

北京鸿文瀚海文化传媒有限公司制版

常州市大华印刷有限公司印刷

*

开本：787毫米×1092毫米 1/16 印张：$14\frac{1}{2}$ 插页：1 字数：280千字

2024年2月第一版 2024年2月第一次印刷

定价：58.00元（赠教师课件）

ISBN 978-7-112-29125-0

（41822）

总序
Prologue

近年来，国家高度重视职业教育发展，陆续发布《国家职业教育改革实施方案》《职业院校教材管理办法》《关于推动现代职业教育高质量发展的意见》《中华人民共和国职业教育法》等多项法律法规和政策文件，职业教育迎来了大发展的历史机遇。教材建设属于国家事权，职业院校教材是教学的重要依据、培养人才的重要保障，必须体现党和国家意志，建设一批内容科学先进、编排科学合理、符合课标要求的专业课程教材是职教改革的重要任务。

我们正处在信息技术飞速发展的全媒体时代，教师与学生的"教与学"模式已然发生转变，要运用现代信息技术改进教学方式方法，适应"互联网＋职业教育"发展需求。职业院校教材应符合技术技能人才成长规律和学生认知特点，充分反映产业发展最新进展，对接科技发展趋势和市场需求，及时吸收比较成熟的新技术、新工艺、新材料、新规范，随信息技术发展、产业升级和技术进步及时动态更新。如何打造具备时代特点、满足教学需求的职业教育教材，是编者、出版单位需要认真思考的重要课题。

"高等职业教育土建施工类专业融媒体创新系列教材"正是为了适应新时期我国建筑工业化、数字化、智能化升级对土建类高素质人才的需求，而组织职业院校的优秀教师、重点企业专家编写的。教材形式新颖、内容简明易懂、数字化资源丰富，满足信息化和个性化教学的需要，凸显新形态教材的特点，具备"先进性、规范性、职业性、实践性"的特点。未来，本系列教材会根据新技术、新工艺、新材料、新设备的发展不断优化完善，依托网络平台动态更新，满足院校师生的教学要求。

本套教材的出版，凝聚了各位编写人员、审查人员及编辑的辛勤劳动，得到了有关院校的大力支持。上海盛尚文化传播有限公司在教材策划及配套数字资源的建设方面做出了很大贡献。大家的共同努力，为本套教材的高质量出版提供了保障。希望本套教材的出版能满足广大院校的要求，为建设行业的人才培养做出贡献。

胡兴福

2022 年 9 月

前言
Foreword

20 世纪 80 年代，CAD 的应用实现了建筑行业从用手工画图到计算机绘图的一次技术革命；现在，BIM（Building Information Modeling）应用也将使建筑行业从二维向三维，从单一到协同工作的又一次技术革命。在建筑工程领域，BIM 软件融合了三维建模、专业应用软件、可视化、仿真、数据共享、数据交换等技术，遵循相关标准和系统工作导则，已经开始应用在一些大型复杂工程的设计和施工中。BIM 技术正在推动建筑工程设计、建造、运维、管理等多方面的变革，必将在 CAD 技术的基础上迎来更广泛的应用。BIM 技术作为一种新的技能，有着越来越大的社会需求，正在成为我国相关人员就业的新亮点。国内高职院校建筑类各专业目前均开设了 BIM 建模相关课程，选择一本既适合 BIM 课程教学，又能满足备考全国 BIM 技能等级考试（一级）以及"1+X"（BIM）建筑信息模型职业技能等级考试（初级）的教材非常不容易。本书的编写和出版恰好满足了这些需求，以内容简洁为特点，结合了当下流行的融合式教材特点编写而成。本书以经典的小别墅项目和办公楼建模为主线，选取了砖混结构和框架结构两种不同形式，按照标高、轴网→墙体、门窗、幕墙→楼板→屋顶→楼梯和栏杆扶手（包含坡道、台阶、洞口等）→室内外构件→场地→二维图表处理→模型可视化表现的建模顺序来讲解；为配合中国图学学会组织的全国 BIM 技能等级考试（一级），作者在讲解书中案例的过程中，根据该考试大纲的要求，穿插考点进行讲解，以二维码的方式呈现相应考点的真题建模视频，并且设计了真题和练习题演练环节，读者不仅可以掌握案例项目的建模方法和技巧，同时可以掌握全国 BIM 技能等级考试的考点。围绕教育部力推的"1+X"（BIM）职业技能等级考试，本书精讲了"1+X"（BIM）建筑信息模型职业技能等级考试初级实操考试考点。同时，本书的项目四精讲族和概念体量的创建，可解决广大 Revit 2018 初学者不知如何下手建立族和概念体量的问题。

本书是 2023 年度职业教育与继续教育教学改革研究项目立项课题"产教融合型实训基地建设的实践与研究"（项目编号：LZJG2023073，主持人：王鑫）和 2022 年度辽宁省社科规划基金教育学项目立项课题"提升高职院校教师社会（技术）服务能力对策研究"（主持人：王鑫）的研究成果。

作为基于 Revit 2018 软件的教材，本书具有以下特点。

（1）录制了 52 个、总时长 240 分钟、超过 2G 的高清同步配套教学视频，以提高读者的学习效率。为了便于读者高效率地掌握建模思路和步骤，编者为本书每个建模操作步骤录制了大量的高清同步教学视频，在视频中以讲解 Revit 命令的使用方法和技巧为主，并贯穿 BIM 等级考试考点，深入浅出地使读者轻松掌握建模和考试的全部内容。

（2）内容涵盖的建筑专业较为全面。主要围绕改编的真实案例项目建模，并在每个项目后面配套了课后工作页，具有很高的实际应用价值和参考性。

（3）免费提供与书中案例项目建模步骤同步的模型文件、CAD 图纸、族文件、样板文件，以及真题的配套项目文件等。

（4）本书语言通俗易懂，建模步骤文字讲解搭配操作界面截图。在建模步骤讲解过程中，把建模步骤进行了分解，通过在图片上注解的方式让读者知道每一步应该单击哪一个按钮或者菜单，讲解更加简洁明了。

本书在编写过程中得到沈阳建筑大学张德海教授、徐亚丰教授等人的大力支持和帮助，在此向他们表示深深的感谢！本书在编写过程中得到企业、行业和各院校（系）的大力帮助，在此特别鸣谢沈阳建筑大学、辽宁建筑职业学院、辽宁交通高等专科学校、黑龙江职业技术学院、郑州职业技术学院、北京建谊投资发展（集团）有限公司、沈阳嘉图工程管理咨询有限公司、杭州品茗安控信息技术有限公司、广联达科技股份有限公司。

本书由辽宁城市建设职业技术学院王鑫、郑州职业技术学院杨泽华担任主编并统稿；由沈阳建筑大学金路、中交建筑集团有限公司张宁担任副主编；由沈阳建筑大学张德海教授担任主审；辽宁城市建设职业技术学院李卓珏和产教融合（BIM）创新创业示范基地与 BIM 技术协同应用创新中心张泽萌、吴旭东、赵思梦、张佳思、张雷生、程诗涵、赵月参编。其中，项目一和项目三由辽宁城市建设职业技术学院王鑫编写；项目二由郑州职业技术学院杨泽华编写、项目四由沈阳建筑大学金路、中交建筑集团有限公司张宁、辽宁城市建设职业技术学院李卓珏共同编写。

本书引用了有关的专业文献和资料，在此对有关文献的作者表示衷心感谢。

限于编者水平，书中不妥之处在所难免，敬请读者批评指正。

Informative Abstract

内容提要

　　本书语言通俗易懂，通过讲述建模步骤并配合操作界面截图，使读者能事半功倍地掌握相关操作；在此基础上，配备同步教学操作视频、CAD 图纸、模型文件、课后工作页等，读者扫描书中二维码即可观看并跟随视频操作，能够直观、快速地掌握建模步骤和技巧。

　　本书可作为高职高专土建类相关专业 BIM 课程的教材，也可作为全国 BIM 技能等级考试（一级）培训教程，同时也可作为"1+X"建筑信息模型（BIM）职业技能等级证书考试的辅导教材。

Author's Brief Introduction

作者介绍

王　鑫

　　毕业于沈阳建筑大学，研究生硕士学位，教授，高级工程师，全国一级建造师（建筑、市政）、辽宁省杰出人才青年专家、辽宁省青年教育科研骨干、辽宁省百千万层次"千层次"人才、辽宁省省级骨干教师、辽宁省装配式技术和 BIM 技术赴德访问学者、辽宁省建设教育协会专家库专家、辽宁省建筑工业与住宅产业化联盟委员、中国建筑施工分会委员（技术专家）、中国图学会委员专家、BIM 欧特克高级讲师、入选"1+X"智能建造技术和 BIM 信息模型技术专家库。从教多年，主编教材《1+X 建筑信息模型（BIM）建模技术》等 20 余部；其中荣获国家教育部"十三五"规划教材 3 部；国家教育部"十四五"规划教材 3 部；住建部"十四五"规划教材 3 部、人社部"十四五"规划教材 2 部、辽宁省教育厅规划教材 2 部。

杨泽华

　　出生于 1986 年 12 月，湖南大学工学硕士，国家二级建造师，现为郑州职业技术学院教师，高校讲师职称，河南省职业院校省级骨干教师，河南省职业教育课程思政教学名师，多次辅导学生参加国家级职业技能竞赛获一等奖，被评为河南省住房和城乡建设系统技能竞赛组织工作先进个人。曾在核心期刊发表论文 5 篇，教学成果获河南省教育厅职业教育组信息化教学课程案例一等奖；目前主要从事装配式建筑施工、智能建造相关教学工作。

上智云图
使 用 说 明

一册教材 ＝ 海量教学资源 ＝ 开放式学堂

微课视频
知识要点
名师示范
扫码即看
备课无忧

教学课件
教学课件
精美呈现
下载编辑
预习复习

在线案例
具体案例
实践分析
加深理解
拓展应用

拓展学习
课外拓展
知识延伸
强化认知
激发创造

素材文件
多样化素材
深度学习
共建共享

"上智云图"为学生个性化
定制课程，让教学更简单。

PC 端登录方式：www.szytu.com

详细使用说明请参见网站首页
《教师指南》《学生指南》

　　本教材是基于移动信息技术开发的智能化教材的一种探索。为了给师生提供更多增值服务，由"上智云图"提供本系列教材的所有配套资源及信息化教学相关的技术服务支持。如果您在使用过程中有任何建议或疑问，请与我们联系。

课程兑换码

教材课件索取方式：
1. 邮箱：jckj@cabp.com.cn；
2. 电话：（010）58337285；
3. 建工书院：http://edu.cabplink.com；
4. 上智云图：www.szytu.com。

目录
Contents

项目三

117　办公楼

项目四

169 族和体量

项目一
BIM 建模的
基础知识

项目一　BIM 建模的基础知识

⊕ 知识目标

通过本项目的学习，要求学生理解并掌握 Revit 软件功能区各种命令的使用方法；了解并掌握各种构件的基本信息、放置方式、材质要求、结构尺寸编辑等内容，能够正确通过设置选项中的编辑类型来完善构件属性；掌握模型中创建房间的方法以及对房间的面积、体积等进行快速计算的方法；掌握渲染、漫游、日光研究、场地构件的设置方法，能将建筑模型的完整性和渲染效果加以表现。

⊚ 能力目标

（1）通过学习功能区的各种命令操作，培养学生运用基础命令快速精准创建模型的能力。

（2）培养学生能精准编辑门窗、墙体和梁柱等构件信息，在软件中使用工具栏命令正确放置图元。

（3）培养学生熟练掌握楼板的绘制及修改方法，并学会利用楼板边等命令完成室外台阶、楼梯梁的应用。

（4）培养学生根据图纸查看楼梯的基本信息，判断工程适用的类型，并填入相应数据，学会载入族创建扶手的应用。

（5）培养学生掌握创建房间以及标记房间命令，并学会计算房间面积及体积，以及对房间添加图例。

（6）培养学生会对模型进行外观渲染，为其配置外观外景以及光照效果。设置相应的场地与构件，以及漫游、日光研究等。

任务 1　BIM 简介

BIM 概述

BIM（Building Information Modeling）技术由欧特克（Autodesk）公司在 2002 年率先提出，目前已经在全球范围内得到业界的广泛认可，它可以帮助实现建筑信息的集成，从建筑的设计、施工、运行直至建筑全寿命周期的终结，各种信息始终整合于一个三维模型信息数据库中，设计团队、施工单位、设施运营部门和业主等各方人员可以基于 BIM 进行协同工作，有效提高工作效率、节省资源、降低成本，以实现可持续发展。

BIM 的核心是通过建立虚拟的建筑工程三维模型，利用数字化技术为这个模型提供完整的、与实际情况一致的建筑工程信息库。该信息库不仅包含描述建筑物构件的几何信息、专业属性及状态信息，还包含了非构件对象（如空间、运动行为）的状态信息。借助这个包含建筑工程信息的三维模型，大大提高了建筑工程的信息集成化程度，从而为建筑工程项目的相关利益方提供了一个工程信息交换和共享的平台。它不仅可以在设计中应用，还可应用于建设工程项目的全生命周期中；用 BIM 进行设计属于数字化设计；BIM 的数据库是动态变化的，在应用过程中不断在更新、丰富和充实（图 1-1）。

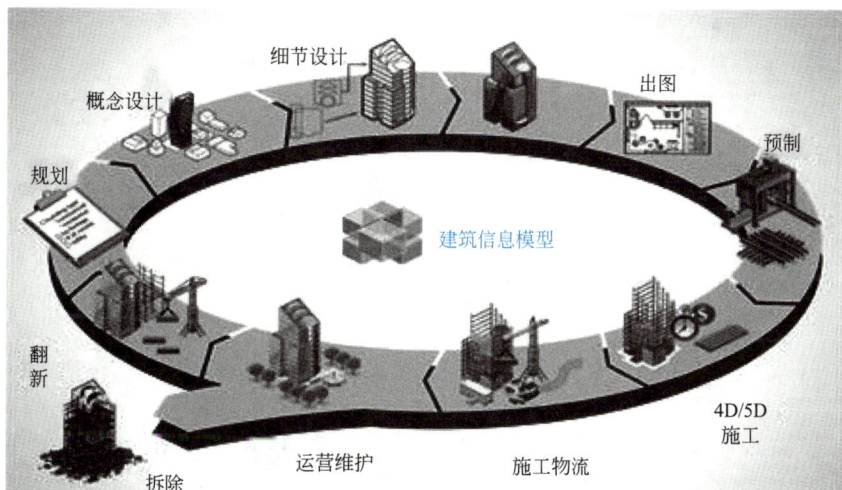

图 1-1　BIM 建筑全生命周期

BIM 技术的基本特点

（1）可视化

可视化即"所见所得"的形式，BIM 提供了可视化的思路，让人们将以往的线条式的构件形成一种三维的立体实物图形展示在人们的面前（图 1-2）。

图 1-2　可视化效果图

（2）协调性

BIM 建筑信息模型可在建筑物建造前期对各专业的碰撞问题进行协调，生成协调数据，并提供出来。它还可以解决例如电梯井布置与其他设计布置及净空要求的协调、防火分区与其他设计布置的协调、地下排水布置与其他设计布置的协调等（图 1-3）。

（3）模拟性

模拟性并不是只能模拟设计出的建筑物模型，还可以模拟不能够在真实世界中进行操作的事物（图 1-4）。

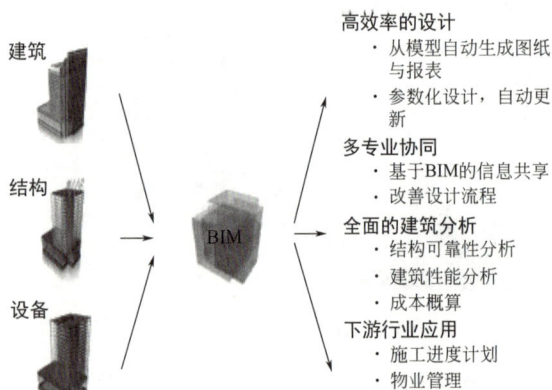

图 1-3　BIM 在设计阶段的协同作用

图 1-4　模拟性效果图

（4）优化性

BIM 模型提供了建筑物实际存在的信息，包括几何信息、物理信息、规则信息，还提供了建筑物变化以后的实际存在信息。现代建筑物的复杂程度大多超过参与人员本身的能力极限。BIM 和与其配套的各种优化工具提供了对复杂项目进行优化的可能（图 1-5）。

碰撞调整前 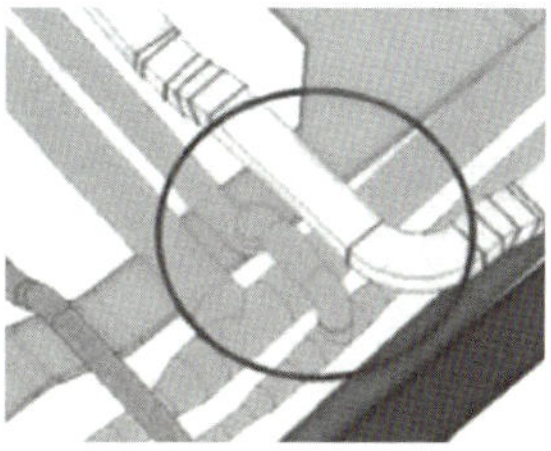 　　　　　　　　　 碰撞调整后

图 1-5　优化性效果图

（5）可出图性

通过对建筑物进行可视化展示、协调、模拟和优化以后，绘制出综合管线图、综合结构留洞图（预埋套管图）以及完成碰撞检查侦错报告和建议改进方案（图 1-6）。

图 1-6　可出图性效果图

BIM 技术的优势及应用

提高设计效率，与非专业人士沟通时，能直观显示设计成果，提高审图质量和效率，快速准确地找到图纸中的"错、漏、碰、缺"，能模拟施工，优化各道工序，方便施工阶段的交流沟通，方便运行维护阶段的工作（图 1-7）。

使用 Revit 可以导出各建筑部件的三维尺寸和体积数据，为概预算提供资料，其资料的准确程度同建模的精确成正比。在精确建模的基础上，用 Revit 建模生成的平立图完全对得起来，图面质量受人为因素影响很小，避免因对建筑和 CAD 绘图理解不深而导致的平立图不交接等问题；其他软件只解决一个专业的问题，而 Revit 能解决多专业的问题。Revit 不仅有建筑、结构、设备，还有协同、远程协同，带材质的

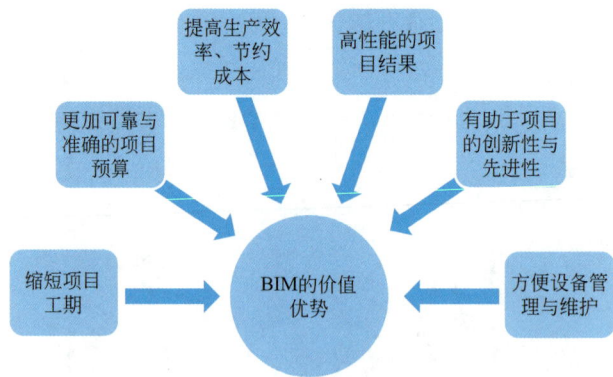

图1-7　BIM 技术的优势

3DMAX 渲染、云渲染，碰撞分析，绿色建筑分析等功能；强大的联动功能，平、立、剖面、明细表双向关联，一处修改，处处更新，自动避免低级错误；Revit 设计会节省成本，节省设计变更，加快工程周期。

BIM 和 Revit 关系

　　BIM 是一种理念、一种技术。而 Revit 是一个软件，来支持 BIM 的理念，是设计阶段用于建立模型的软件，是 BIM 软件之一。

　　建筑信息化模型（BIM）的英文全称是 Building Information Modeling，是一个完备的信息模型，能够将工程项目在全生命周期中各个不同阶段的工程信息、过程和资源集成在一个模型中，方便被工程各参与方使用。通过三维数字技术模拟建筑物所具有的真实信息，为工程设计和施工提供相互协调、内部一致的信息模型，BIM 模型的使用实现了设计与施工的一体化，各专业协同工作的目标，从而降低了工程生产成本，保障工程按时按质完成。

　　BIM 能够帮助建筑师减少错误和浪费，以此提高利润和客户满意度，进而创建可持续性更高的精确设计。BIM 能够优化团队协作，支持建筑师与工程师、承包商、建造人员与业主更加清晰、可靠地沟通设计意图。

　　Revit 是 Autodesk 公司开发的一套系列软件的名称。Revit 系列软件是为建筑信息模型（BIM）构建的，可帮助建筑设计师设计、建造和维护质量更好、能效更高的建筑。

BIM 在国内外使用情况

在英国，政府明确要求 2016 年前企业实现 3D-BIM 的全面协同。

在美国，政府自 2003 年起，实行国家级 3D-4D-BIM 计划；自 2007 年起，规定所有重要项目通过 BIM 进行空间规划。

在韩国，政府计划于 2016 年前实现全部公共工程的 BIM 应用。

在新加坡，政府成立 BIM 基金，计划于 2015 年前，超八成建筑业企业广泛应用 BIM。

在挪威、丹麦、瑞典和芬兰等北欧国家，已经孕育了 Tekla、Solibri 等主要的建筑业信息技术软件厂商。

在日本，建筑信息技术软件产业成立了国家级国产解决方案软件联盟。

在中国，无论政府还是行业巨头，对 BIM 的发展预期远不如上述国家明确乐观，对数字化目标和标准制定表述含糊，但 BIM 趋势已经明朗。

中国第一高楼——上海中心、北京第一高楼——中信大厦（中国尊）、华中第一高楼——武汉中心等应用 BIM 的中国工程项目层出不穷。其中，中国博览会会展综合体工程证明：通过应用 BIM 可以排除 90% 图纸错误，减少 60% 返工，缩短 10% 施工工期，提高项目效益。中国在建设工程体量方面远远领先于世界，有广阔的 BIM 应用前景。

任务 2　Revit 基本命令介绍

Revit 基础功能

（1）Revit 的启动
① 单击【Windows 开始菜单】→【所有程序】→【Autodesk】→【Revit】。
② 双击桌面【Revit】快捷图标即可启动程序。

（2）Revit 初始界面
Revit 最多会显示 4 个最近打开的项目或族文件。如果最近打开的项目文件或族文件被删除、重命名或移动至其他位置，则在启动时会自动从最近使用的项目列表中删除该文件（图 1-8）。

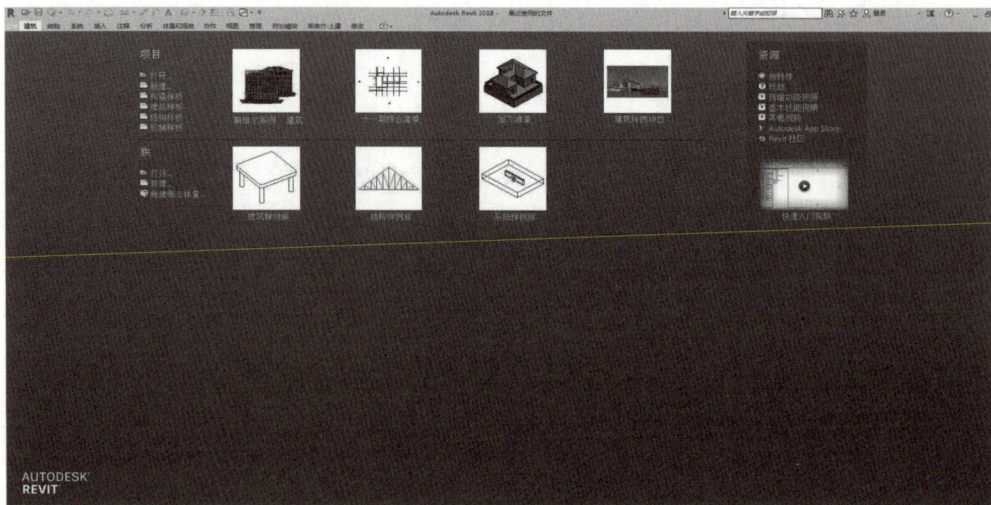

图1-8　Revit 工作界面

（3）Revit 绘图界面功能区组成

功能区是创建项目模型所需工具的集合（图 1-9），主要由以下几部分组成：

文件选项卡；快速访问工具栏；信息中心；功能区；选项栏；属性面板状态栏；项目浏览器；ViewCube 绘图区域；导航栏；状态栏；视图控制栏；绘图区域。

图1-9　Revit 绘图界面功能区组成

文件选项卡

文件选项卡上提供了常用文件操作，例如【新建】、【打开】和【保存】。还允许使用更高级的工具（如【导出】和【发布】）来管理文件（图 1-10）。

　　·　　·　　建筑信息模型（BIM）建模案例教程

图 1-10　文件选项卡

快速访问工具栏

快速访问工具栏包含一组默认工具，可以对该工具栏进行自定义，使其显示用户最常用的工具（图 1-11）。

图 1-11　快速访问工具栏

信息中心

用户可以使用信息中心搜索信息（图 1-12）。

图 1-12　信息中心

功能区

创建或打开文件时，功能区会显示，它提供创建项目或族所需的全部工具。比如【建筑】选项卡包含：墙、门、窗等。（图 1-13）。

图 1-13　功能区

选项栏

选项栏位于功能区下方，根据当前工具或选定的图元显示条件工具（图1-14）。

图1-14　选项栏

属性面板状态栏

【属性】选项板是一个无模式对话框，通过该对话框，可以查看和修改用来定义图元属性的参数。【属性】选项板由4部分组成：类型选择器、编辑类型、属性过滤器、实例属性（图1-15）。

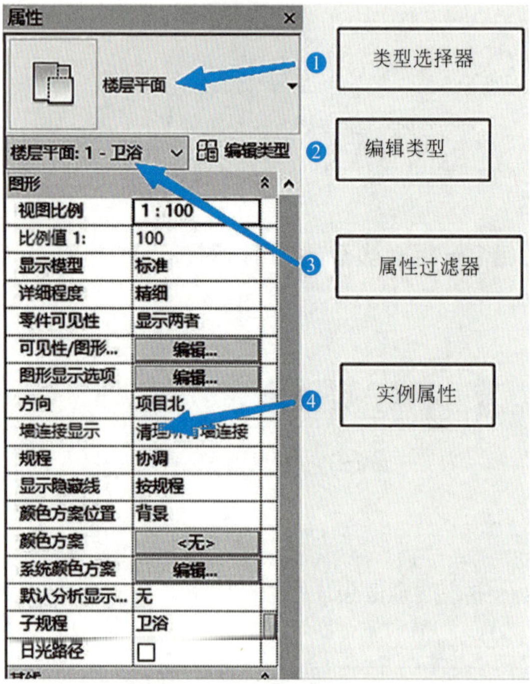

图1-15　属性面板状态栏

项目浏览器

用于显示当前项目中所有视图、明细表、图纸、组和其他部分的逻辑层次。展开和折叠各分支时，将显示下一层项目。在项目浏览器中点击【鼠标右键】→【搜索】，输入关键字来快速查找族位置（图1-16）。

ViewCube 绘图区域

只在三维显示，可快速转换方向查看模型（图1-17）。

导航栏

缩放、平移、观看历史操作步骤（图 1-18）。

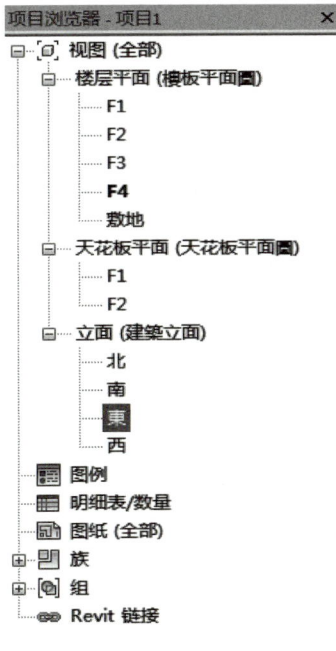

图 1-16　项目浏览器

图 1-17　ViewCube 绘图区域

图 1-18　导航栏

状态栏

底部显示，使用某一工具时状态栏左侧会显示一些技巧或提示，告诉用户可以做什么，点击构件图时，会显示族和类型名称（图 1-19）。

图 1-19　状态栏

视图控制栏

可以更改视图的比例，模型显示的精确度以及模型的线框、隐藏线、着色、一致的颜色、真实（图 1-20）。

图 1-20　视图控制栏

绘图区域

绘图区域显示当前模型的视图（以及图纸和明细表）。每次打开模型中的某个视图时，该视图会显示在绘图区域中（图 1-21）。

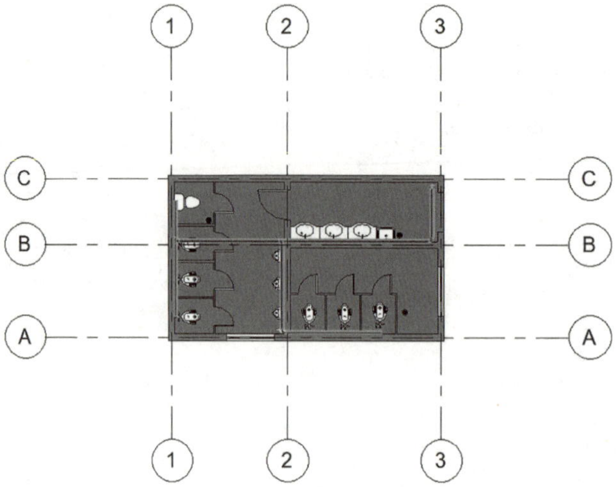

图 1-21　绘图区域

Revit 的基础术语

　　Revit 是三维参数化建筑设计工具，不同于大家熟悉的 AutoCAD 绘图系统，Revit 有自己专用的数据存储格式，且针对不同用途的文件，Revit 将存储为不同格式的文件。在 Revit 中，最常见的几种文件类型为项目文件、样板文件和族文件。

（1）项目与项目样板

　　项目文件包括设计所需的全部信息，所有的设计模型、视图及信息都被存储在一个后缀名为".rvt"的 Revit 项目文件中。

　　后缀名为".rte"的文件称为"样板文件"。样板文件中定义了新建项目中默认的初始参数，例如：项目默认的度量单位、楼层数量的设置、层高信息、线型设置等（图1-22）。

（2）族

　　在 Revit 中进行设计时，基本的图形单元被称为图元。例如：在项目中建立的柱、梁、文字、尺寸标注等都被称为图元，所有这些图元都是使用"族"来创建的。可以说"族"是 Revit 的设计基础。

　　在 Revit 中，项目所用到的族是随项目文件一同存储的，可以通过展开"项目浏览器"中的"族"类别，查看项目中所有可使用的族。

　　　•　　　　　•　　　　　建筑信息模型（BIM）建模案例教程

图1-22　系统默认样板文件

　　族文件的后缀为".rfa"格式，方便与其他项目共享使用，如"墩""桩"等构件，这类族称为"可载入族"。

　　Revit中的柱、梁等族为系统通过参数设定生成，这些族称为"系统族"，"系统族"不能保存为独立的族文件。

　　"族"中包括许多可以自由调节的参数，这些参数记录着图元在项目中的尺寸、材质、安装位置等信息。修改这些参数可以改变图元的尺寸、位置等。

（3）体量

　　Revit提供了概念体量工具，用于在项目前期概念设计阶段，为建筑师提供灵活、简单、快速的概念设计模型。使用概念体量模型可以帮助设计师推敲建筑形态。还可以统计概念体量模型的建筑楼层面积、占地面积、外表面积等设计数据，可以根据概念体量模型表面创建建筑模型中的墙、楼板、屋顶等图元对象，完成从概念设计阶段到方案、施工图设计的转换。

　　利用Revit灵活的体量建模功能，可以创建NURBS曲面模型，并通过该曲面转换为屋顶、墙体等对象，在项目中创建复杂对象模型。在Revit中，还可以对概念体量的表面进行划分，配合使用"自适应构件"生成多种复杂表面肌理。

（4）参数化

　　参数化设计是Revit的一个重要特征，它是构成Revit项目的基本元素。Revit中的图元都是以"族"的形式出现，这些构件是通过一系列参数定义的，参数保存了图元作为数字化建筑构件的所有信息。

　　Revit中的族有"系统族"和"可载入族"两种形式

　　① 系统族：已预定义且保存在样板和项目中，用于创建项目的基本图元。

　　② 可载入族：由用户自行定义创建的独立保存为rfa格式的文件。

任务 3　Revit 建筑设计基本操作

项目基础信息设置

（1）项目信息

新建项目后，我们需要添加此项目的项目信息，依次点击【管理】→【项目信息】，在弹出的项目信息对话框中，可以按照项目实际情况填写对应的项目信息（图 1-23）。

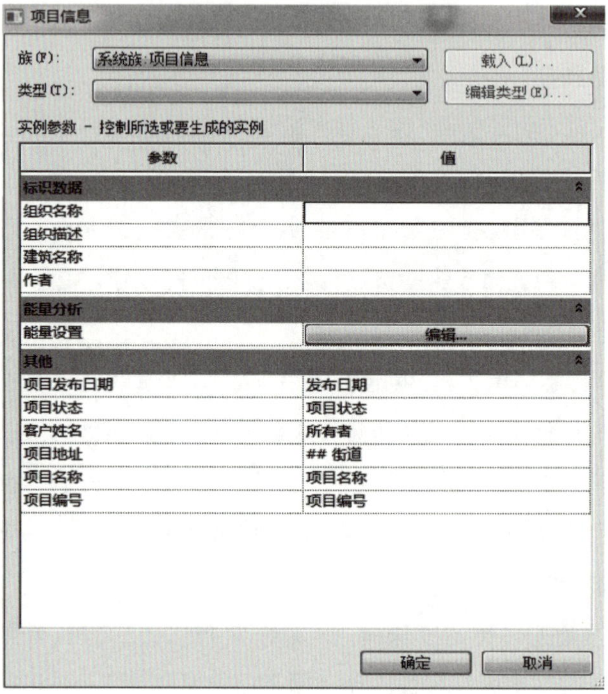

图 1-23　【项目信息】对话框

（2）项目单位

在实际项目中，会有很多种计量单位，例如"长度"。软件当中默认的单位格式为"mm"，要想修改成其他的单位格式，依次点击【管理】→【项目单位】，在弹出的对话框当中修改自己需要的单位格式。

在【规程】下拉框中可以选择其他专业分类的项目单位（图 1-24）。

（3）捕捉设置

捕捉是在建模过程中，用于指定捕捉或选择基准点的一种功能，点击【管理】→【捕捉】，在对话框里可以勾选所需要的捕捉方式。

建筑信息模型（BIM）建模案例教程

图 1-24　项目单位

在绘制水平构件或参照平面时，空白处【鼠标右键】→【捕捉替换】，也可以更改捕捉的方式（图 1-25）。

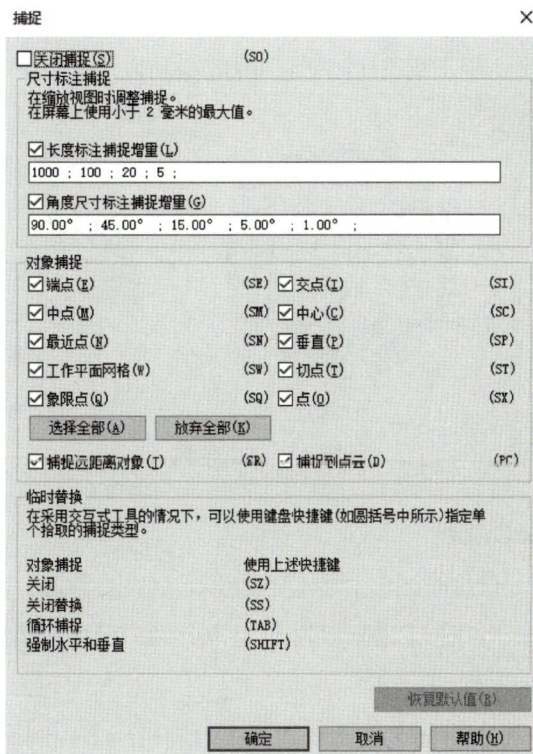

图 1-25　捕捉设置

视图控制工具

（1）项目浏览器

项目浏览器用于组织和管理当前项目中包括的所有信息，具有打开视图、管理链接、修改组类型等功能（图1-26）。

默认情况下，项目浏览器显示在Revit界面的左侧且位于属性面板下方。关闭项目浏览器面板可以显示更多的屏幕操作空间。

重新显示项目浏览器：【视图】→【用户界面】，勾选【项目浏览器】复选框。或空白处【鼠标右键】→【浏览器】中，勾选【项目浏览器】复选框。

（2）视图导航

Revit提供了多种视图导航工具，可以对视图进行诸如缩放、平移等操作控制。利用鼠标配合键盘功能键或使用Revit提供的用于视图控制的"导航栏"，可以分别对不同类型的视图进行多种控制操作。

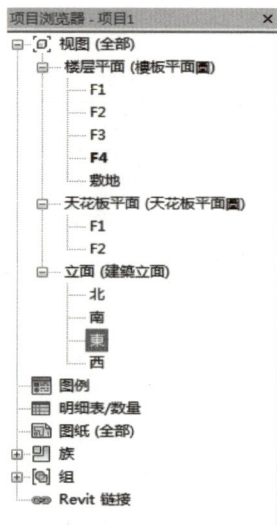

图1-26　项目浏览器

在平面视图当中，点击绘图区域右上角【视图导航】→【控制盘】，控制盘会在视图中跟随鼠标箭头移动，点击或按住控制盘中的功能可以快速使用此功能（图1-27）。

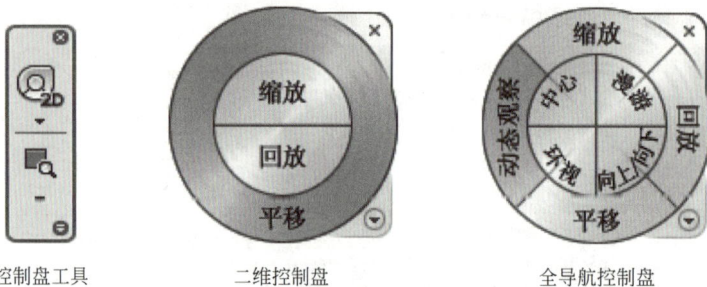

控制盘工具　　　　二维控制盘　　　　全导航控制盘

图1-27　视图导航

（3）使用ViewCube

在三维视图中，点击绘图区右上角【ViewCube视图工具】，可以快速定位三维模型视角，同时按住【Shift】+【鼠标滚轮】，也可以旋转三维模型的视角（图1-28）。

（4）使用视图控制栏

在视图窗口中，位于绘图区左下角的视图控制栏用于控制视图的显示状态（图1-29）。其中的【视觉样式】【阴影控制】【临时隐藏|隔离工具】是最常用的视图

　　　　·　　　　·　　　　建筑信息模型（BIM）建模案例教程

显示工具。将鼠标箭头放在选项按钮上 1 秒，可以出现此按钮的功能名称。

图 1-28　ViewCube 视图工具

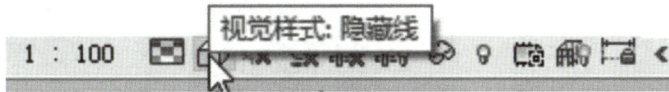

图 1-29　视图控制栏

Revit2018 提供了 6 种模型视觉样式：线框、隐藏线、着色、一致的颜色、真实和光线追踪。其显示效果逐渐增强（图 1-30）。

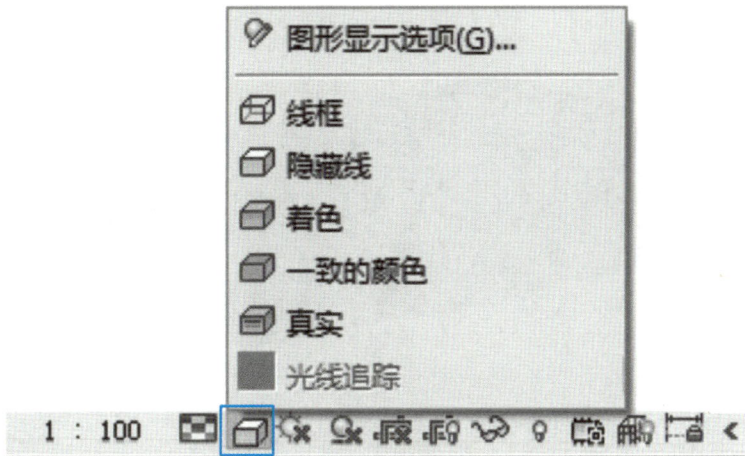

图 1-30　模型视觉样式

图元的选择与过滤

Revit 提供了移动、复制、镜像、旋转等多种图元编辑和修改工具，使用这些工具，可以方便地对图元进行编辑和修改操作。在使用修改工具前，必须先选择图元对象。

（1）**选择设定**（图1-31）

（2）**选择图元**

点击选择

配合 Ctrl 键可对多个单一对象进行点选，当按住 Ctrl 键，且光标箭头右上角出现 "+" 符号时，连续单击选取相应的图元，可一次性选择多个图元（图1-32）。

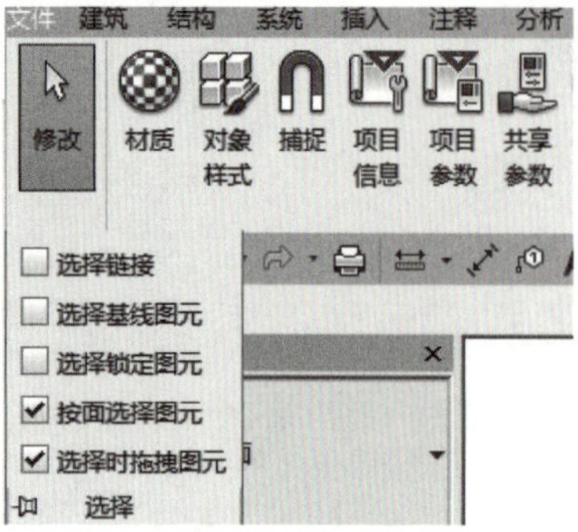

图1-31　选择设定

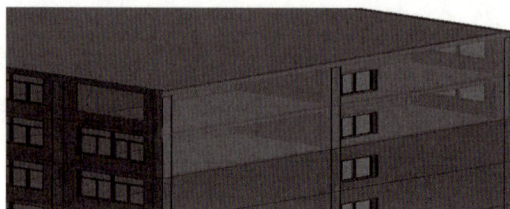

图1-32　单击选择

框选

在 Revit 软件中，可通过鼠标框选批量选择图元。在绘图截面空白区域按住鼠标左键，向左或向右拖动即可批量选择图元（图1-33）。

图1-33　窗选

Tab 键选择

当鼠标所处位置附近有多个图元，用户可以结合 Tab 键方便地选取视图中的相应图元。其中，当视图中出现重叠图元需要切换选择时，可以将光标移至该重叠区域，使其亮显。

如墙或线连接成一个连续的链，通过 Tab 键来回切换选择需要的图元类型或整条链。

（3）**过滤图元**

选择多个图元后，尤其是利用窗选和交叉窗选等方式选择图元时，特别容易将一

　　　　·　　　　·　　　　建筑信息模型（BIM）建模案例教程

些不需要的图元选中。此时，用户可以利用相应的方式从选择集中过滤不需要的图元。

Shift 键 + 单击选择

选择多个图元后，按住 Shift 键，光标箭头右上角将出现"−"符号。此时，连续单击选取需要过滤的图元，即可将其从当前选择集中取消选择。

Shift 键 + 框选

批量取消已选择图元。

过滤器

当选择多个图元的时候，可以使用过滤器从选择中删除不需要的类别。例如，如果选择的图元中包含墙、门、窗等，可以使用过滤器将家具从选择中排除（图1-34）。

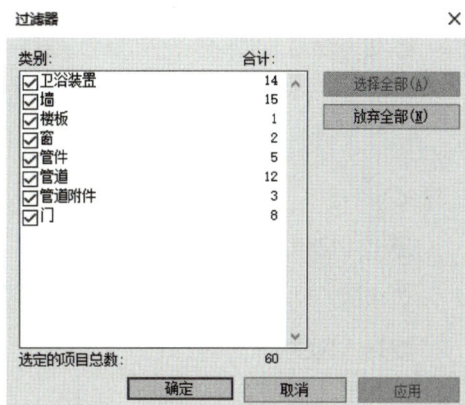

图 1-34　过滤器

图元常用命令操作

（1）命令的重复、撤销与重做

命令的重复：按 Enter 键可重复调用上一次操作。

命令的撤销：ESC 键或鼠标右键"取消"。

命令的重做：功能区"快捷功能区"【重做】。

快捷键：Ctrl+Y。

（2）删除和恢复

删除

鼠标：【右键】→【删除】。

快捷键：Delete/Backspace。

恢复

功能区：快捷键功能区【放弃】按钮。

快捷键：Ctrl+Z。

（3）修改编辑工具

对齐（AL）

功能区：【修改】选项卡【修改】面板【对齐】按钮。

偏移（OF）

功能区：【修改】选项卡【修改】面板【偏移】按钮。

镜像（MM/DM）

功能区：【修改】选项卡【修改】面板【镜像】→【拾取轴】或【镜像】→【绘制线】按钮。

移动（MV）

功能区：【修改】选项卡【修改】面板【移动】按钮。

使用【移动】命令时，希望所选对象实现【复制】操作，应该在选项栏修改移动的选项。

复制（CO）

功能区：【修改】选项卡【修改】面板【复制】按钮。

旋转（RO）

功能区：【修改】选项卡【修改】面板【旋转】按钮。

修剪 / 延伸（TR）

【修改】选项卡【修改面板】【修剪 | 延伸为角】按钮。

【修改】选项卡【修改面板】【修剪 | 延伸单个图元】按钮。

【修改】选项卡【修改面板】【修剪 | 延伸多个图元】按钮。

修剪 / 延伸只能单个对象进行处理。

拆分（SL）

【修改】选项卡【修改】面板【拆分图元】按钮。

【修改】选项卡【修改】面板【用间隙拆分】按钮。

阵列（AR）

功能区：【修改】选项卡【修改】面板【阵列】按钮。

缩放（RE）

功能区：【修改】选项卡【修改】面板【缩放】按钮（图 1-35）。

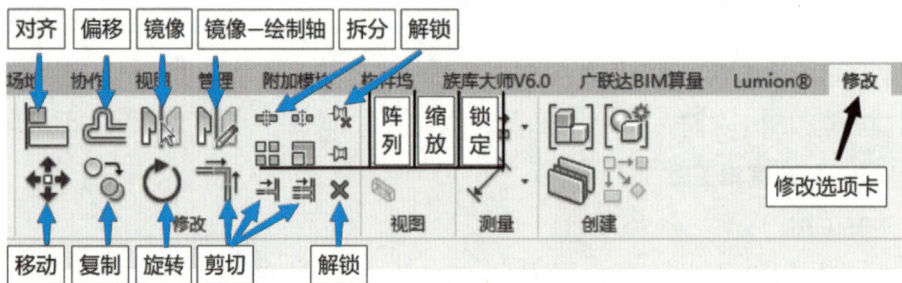

图 1-35　修改编辑工具

（4）使用临时尺寸标注

在 Revit 中选择图元时，Revit 会自动捕捉该图元周围的参照图元，如柱体、轴线等，以指示所选图元与参照图元间的距离。可以修改临时尺寸标注的默认捕捉位置，以更好地对图元进行定位（图 1-36）。

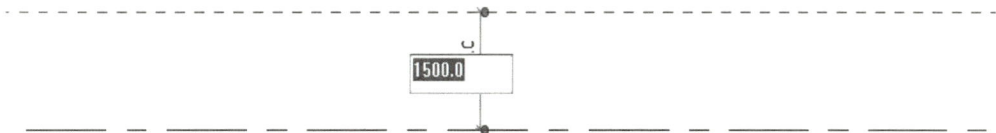

图 1-36　修改临时尺寸标注

在修改临时尺寸标注时，除直接输入距离值之外，还可以输入"="号后再输入公式，Revit 自动计算结果。例如，输入"=150*2+750"，Revit 将自动计算结果 "1050"并修改所选图元与参照图元间的距离。

如果感觉 Revit 显示的临时尺寸标注文字较小，可以设置临时尺寸文字字体的大小。【文件】→【选项】→【图形】→【临时尺寸标注文字外观】栏中，可以设置临时尺寸的字体尺寸及文字背景是否透明。

（5）标高

创建标高

在 Revit 中，创建标高的方法有三种：绘制标高、复制标高和阵列标高。用户可以通过不同情况选择创建标高的方法。

在项目浏览器中展开【立面（建筑立面）】项，双击视图名称【南】进入南立面视图（图 1-37）。

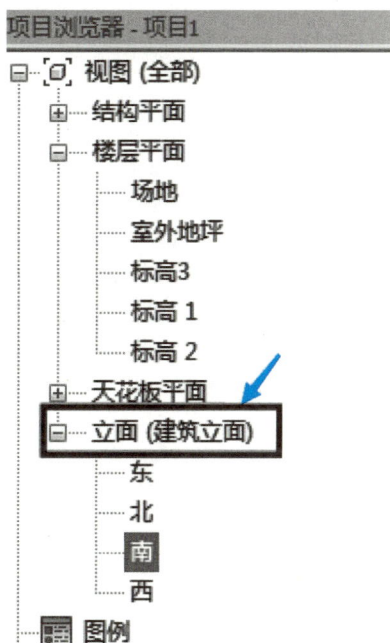

图 1-37　选择南立面

调整 "F2" 标高，将一层与二层之间的层高修改为 4.5m（图 1-38）。

图 1-38　修改标高

注意：标高单位通常设置单位为"m"。

绘制标高"F3"，调整其间隔使间距为4500mm（图1-39）。

图1-39　绘制标高

利用【复制】命令，创建【室内外】标高，单击【修改标高】选项卡下【修改】面板中的【复制】命令。

移动光标在标高"F2"上单击捕捉一点作为复制参考点，然后垂直向下移动光标，输入间距值5100后按【Enter】键确认后复制新的标高。

选择新复制的标高，单击蓝色的标头名称激活文本框，输入新的标高名称"室外地坪"后按【Enter】键确认。

编辑标高

单击拾取标高，在【属性】面板类型选择器下拉列表中选择【标高：GB_ 下标高符号】类型，两个标头自动向下翻转方向结果见（图1-40）。

图1-40　复制标高

至此建筑的各个标高就创建完成，保存文件。

建筑信息模型（BIM）建模案例教程

任务 4　墙体和幕墙

一般墙体的创建

（1）绘制墙体

单击【建筑】→【墙】下拉按钮，可以看到，有墙、结构墙、面墙、墙饰条、分隔缝五种墙类型选择。结构墙即为创建承重墙和抗剪墙的时候使用。在使用体量面或常规模型时选择面墙。

选择好墙体后，设置墙高度、定位线、偏移值、墙链，选择直线、矩形、多边形、弧形墙体等绘制方法进行墙体的绘制。

在视图中拾取两点，直接绘制墙线（图 1-41）。

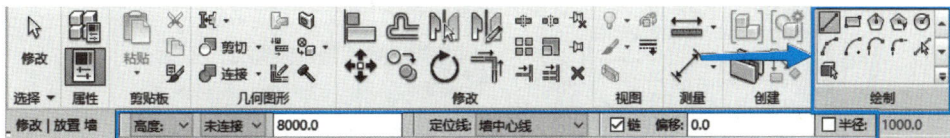

图 1-41　绘制墙体

（注意：顺时针绘制墙体，在 Revit 中有内墙面和外墙面之分）

（2）拾取命令生成墙体

如果有导入的二维 dwg 平面图作为底图，可以先选择墙类型，设置好墙的高度、定位线等参数后，用【拾取线 / 边】命令，鼠标拾取 dwg 平面图的墙线，自动生成 Revit 墙体。

也可以通过拾取面生成墙体。主要应用在体量面墙生成。

（3）编辑墙体

墙休图元属性的修改

单击已经创建的墙体图元，或单击【建筑】→【墙】命令，属性对话框中会显示墙的基本属性参数。

修改墙的实例参数

墙的实例参数可以设置所选择墙体的定位线、高度、基面和顶面的位置及偏移、结构用途等特性（图 1-42）。

修改墙的实例参数只会对已经选中的墙体进行参数修改，不会修改已创建好但未选中的墙体。

设置墙的类型参数

墙的类型参数可以设置不同类型墙的粗略比例填充样式、墙的结构、材质等（图1-43）。

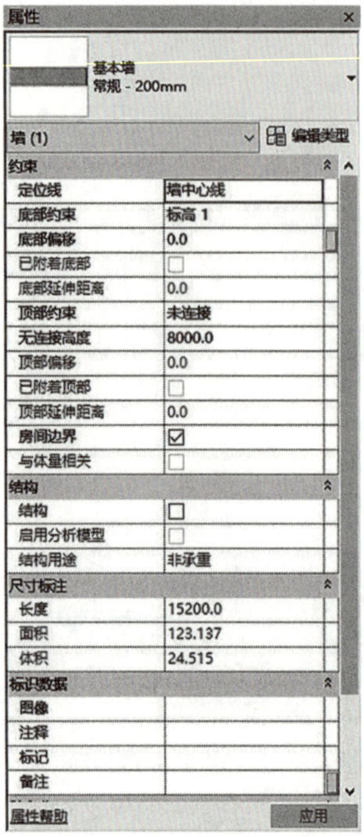

图1-42 修改墙的实例参数

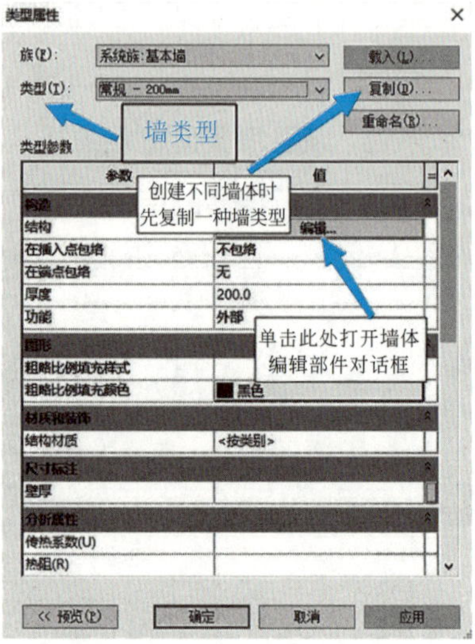

图1-43 设置墙的类型参数

设置或修改墙的类型参数会对所有此类型墙体同时进行修改。如想创建另外一种不同参数的墙体类型，请在设置修改墙体类型参数之前，先复制出一种墙体类型。

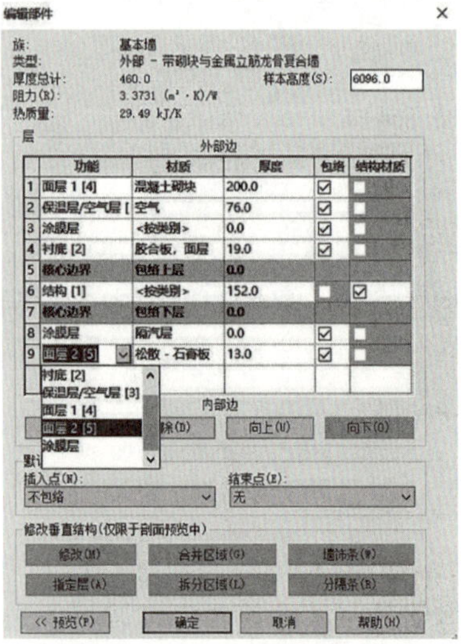

图1-44 墙体构造编辑对话框

点击【构造】栏处的结构【编辑】，进入墙体构造编辑对话框（图1-44）。墙体构造层厚度及位置关系（对话框【向上】【向下】按钮）可以由用户自行定义。注意：绘制墙体的定位有核心边界的选项。

功能名称后面方括号中的数字，表示当墙与墙连接时，墙各层之间连接的优先级别。方括号中的数字越大，该层的连接优先级越低。当墙互相连接时，Revit 会试图连接功能相同的墙功能层，但优先级为【1】的结构层将最先连接，而优先级最低的【面层2[5]】将最后相连。

幕墙的创建

（1）幕墙简介

幕墙默认有三种类型：幕墙、外部玻璃、店面（图 1-45）。

幕墙的竖梃样式、网格分割形式、嵌板样式及定位关系皆可修改。

幕墙(未做网格的预先划分)　　外部玻璃(网格划分较小，与常规窗玻璃相当)　　店面(网格划分较大)

图 1-45　幕墙类型及样式

（2）绘制幕墙

在 Revit 中，点击【建筑】→【墙】，在【属性】面板的类型选择器下拉列表中选择【幕墙】，即可在平面视图中绘制幕墙（图 1-46）。

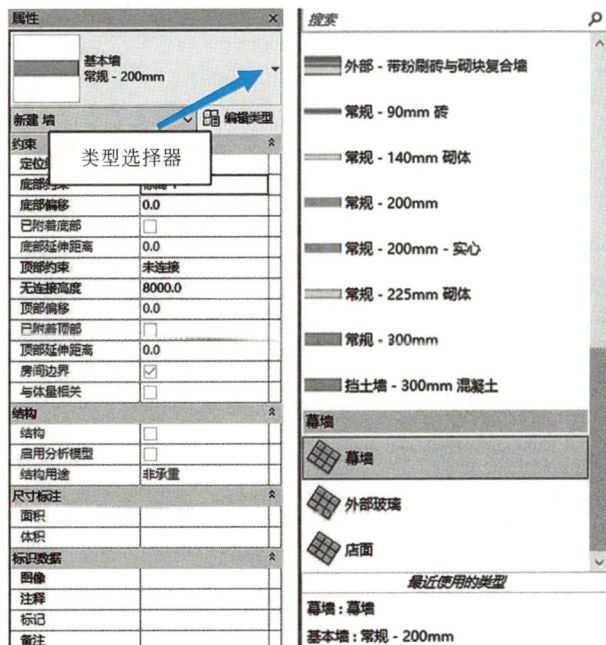

图 1-46　选择幕墙

（3）图元属性修改

对于外部玻璃和店面类型幕墙，可用参数控制幕墙网格的布局模式、网格的间距值及对齐、旋转角度和偏移值。选择【幕墙】，在【属性】面板中可以修改幕墙实例参数，点击【编辑类型】，在【类型属性】对话框中即可修改幕墙的类型参数（图1-47）。

当幕墙创建完成后，还需要对其进行完善，比如为幕墙添加幕墙网格、幕墙竖梃以及幕墙嵌板。

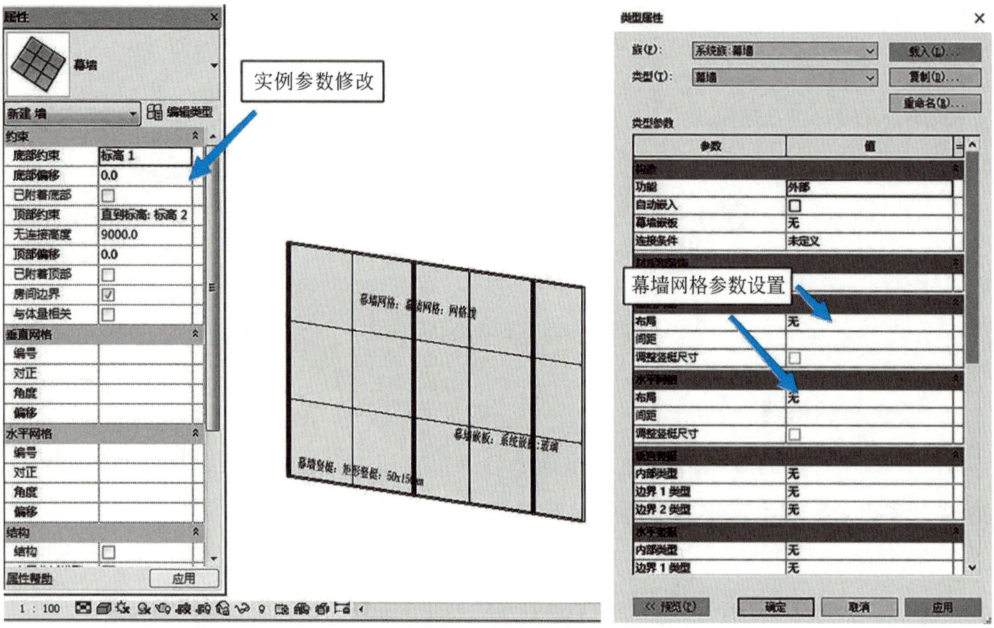

图1-47　添加幕墙竖梃

图1-48　手动修改幕墙网格

（4）手动修改幕墙网格

也可手动调整幕墙网格间距：选择幕墙网格（可点击 Tab 键切换选择），点开锁标记，即可修改网格临时尺寸（图1-48）。

（5）编辑立面轮廓

选择幕墙，自动激活【修改墙】选项卡，单击【修改墙】面板下的【编辑轮廓】命令，单击，即可像基本墙一样任意编辑其立面轮廓（图1-49）。

（6）幕墙网格与竖梃

单击【建筑】→【幕墙网格】命令，可以

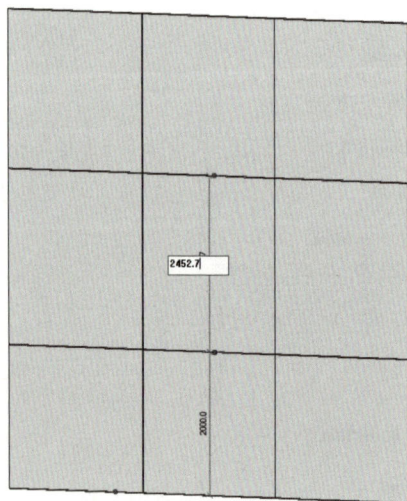

整体分割或局部细分幕墙嵌板。

全部分段：单击添加整条网格线。

一段：单击添加一段网格线细分嵌板。

除拾取外的全部：单击先添加一条红色的整条网格线，再单击某段删除，其余的嵌板添加网格线（图1-50）。

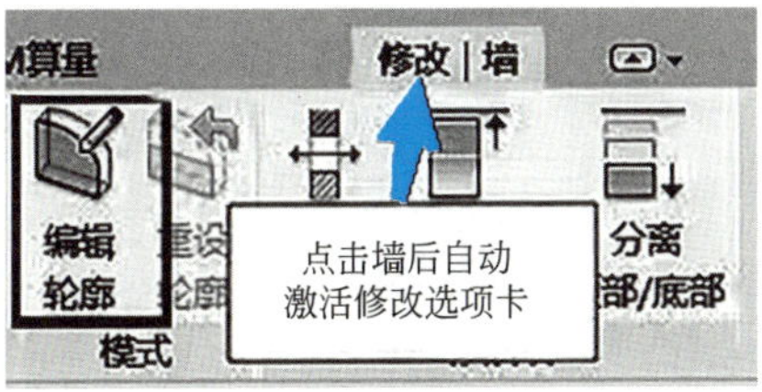

图1-49　编辑立面轮廓

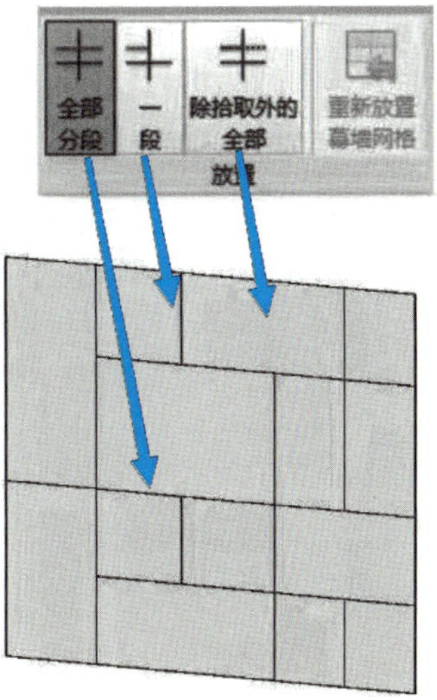

图1-50　幕墙网格

点击【建筑】→【竖梃】命令，在【属性】面板中选择竖梃类型，从右边选择合适的创建命令拾取网格线添加竖梃（图1-51）。

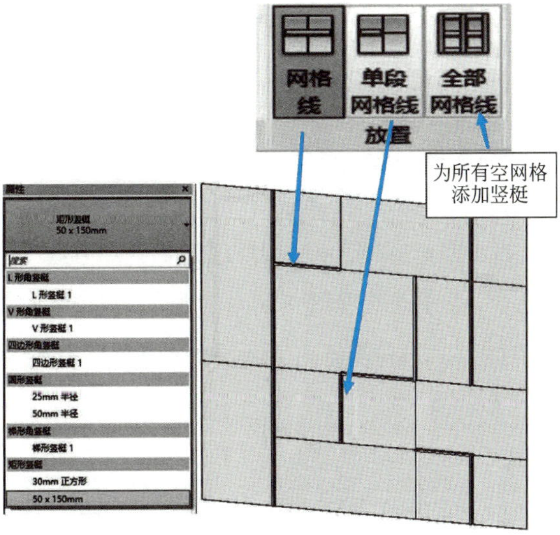

图1-51　幕墙竖梃

（7）替换门窗嵌板

可以将幕墙玻璃嵌板替换为门或窗（必须使用带有【幕墙】字样的门窗族来替换，此类门窗族是使用幕墙嵌板的族样板来制作的，与常规门窗族不同）。将鼠标放在要替换的幕墙嵌板边沿，使用 Tab 键切换选择至幕墙嵌板（注意看屏幕下方的状态栏），选中幕墙嵌板后，在【属性】面板下点击【编辑类型】，打开嵌板的【实例属性】对话框，可将【族】后下拉箭头里直接替换现有幕墙窗或门，也可点击【载入】按钮从库中载入（图 1-52）。

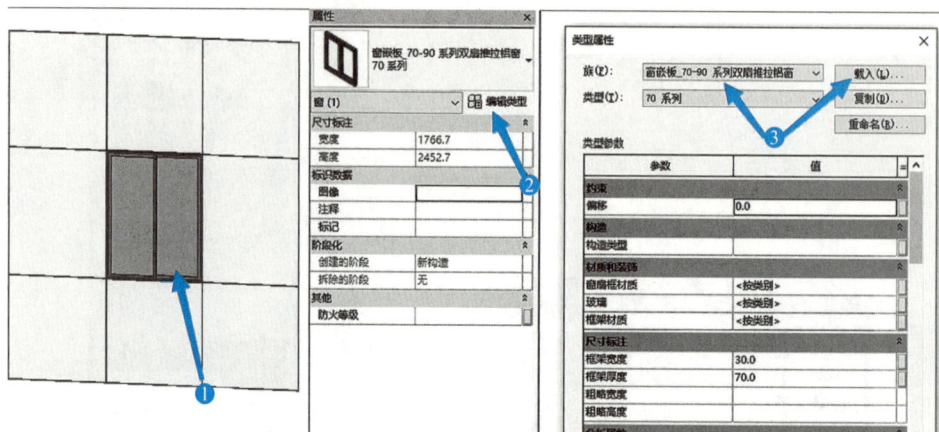

图 1-52　替换门窗嵌板

任务 5　柱、梁

柱的创建

（1）结构柱与建筑柱创建

点击【建筑】→【柱】或【结构】→【柱】

在【属性】面板下的"类型选择器"中选择柱子适合的尺寸规格，如没有，可点击【编辑类型】→【复制】命令，创建新的类型名称，并修改其参数。

如没有需要的柱子类型，则需要点击【编辑类型】→【载入】，打开相应族库进行载入族文件。

（2）编辑柱

在柱的【属性】面板和【修改】选项中，设置柱子高度尺寸（底标高、顶标高、底部偏移、顶部偏移）等参数，单击【编辑类型】可以修改柱子的长度、宽度参数，设置完成后即可在平面视图中单击鼠标放置柱子（图 1-53）。

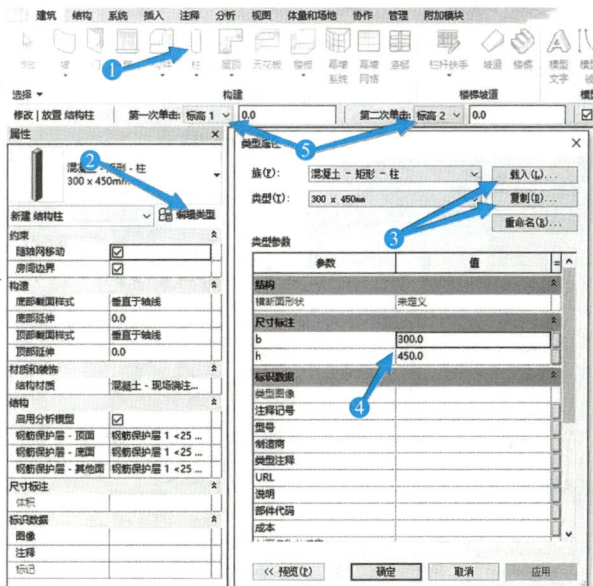

图 1-53　结构柱与建筑柱创建

常规梁的创建

（1）梁的创建

点击【结构】→【梁】命令，从【属性】面板类型选择器的下拉列表中选择需要的梁类型，如没有请从族库中载入（载入方法同柱）。

在打开的【修改 | 放置 梁】选项卡中，确定绘制方式。设置选项栏中的【放置平面】【结构用途】。

注：梁的结构用途或让其处于自动状态，结构用途参数可以包括在结构框架明细表中，这样用户便可以计算大梁、托梁、檩条和水平支撑的数量（图 1-54）。

点击【修改】选项栏上选择【三维捕捉】设置选项，通过捕捉任何视图中的其他结构图元，可以创建新梁。这表示可以在当前工作平面之外绘制梁和支撑。例如，在启用了三维捕捉之后，不论高程如何，屋顶梁都将捕捉到柱的顶部。

要绘制多段连接的梁，请选择【修改】选项栏中的【链】（图 1-54）。单击起点和终点来绘制梁，当绘制梁时，光标会捕捉其他结构构件。

也可使用【轴网】命令，拾取轴网线或框选、交叉框选轴网线，点击【完成】，系统自动在柱、结构墙和其他梁之间放置梁。

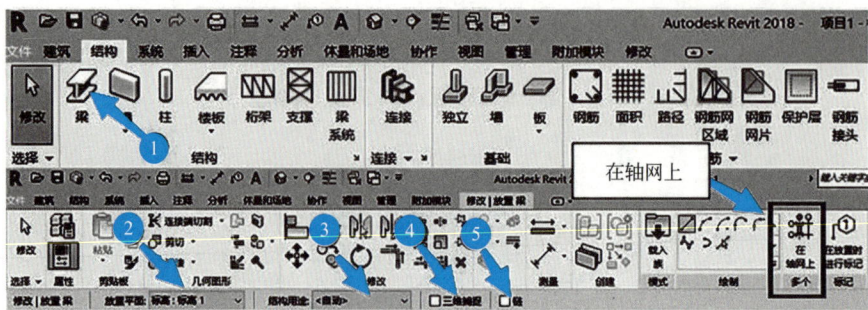

图1-54 选择【梁】工具

（2）编辑梁

单击选择梁，端点位置会出现操纵柄，鼠标拖拽调整其端点位置。

单击选择梁，在【属性】面板中修改梁的实例参数，点击【编辑类型】，可以复制或修改梁的类型参数（图1-55）。

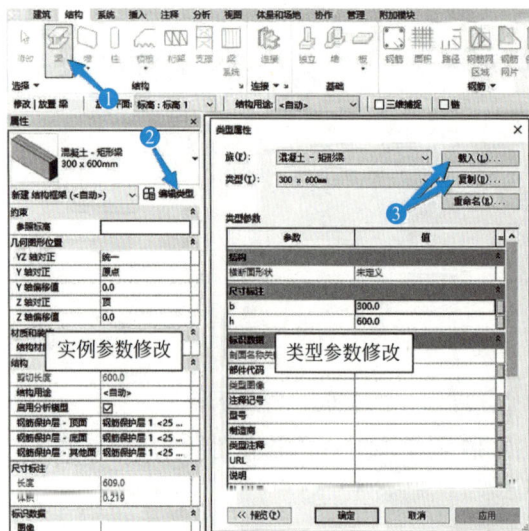

图1-55 编辑梁

任务6 门窗

插入门窗

使用插入门、窗工具可以方便地在项目中添加任意形式的门、窗。在 Revit 中，

　　·　　　·　　建筑信息模型（BIM）建模案例教程

在添加门、窗之前，必须在项目中载入所需的门、窗族，才能在项目中使用。

在视图中，点击【建筑】→【门】【窗】命令，在【属性】面板"类型选择器"下，选择所需要的门、窗类型，如果需要更多的门、窗类型，请从族库中载入。

插入门窗时在墙内外移动鼠标改变内外开启方向，按【空格键】改变左右开启方向（图1-56）。

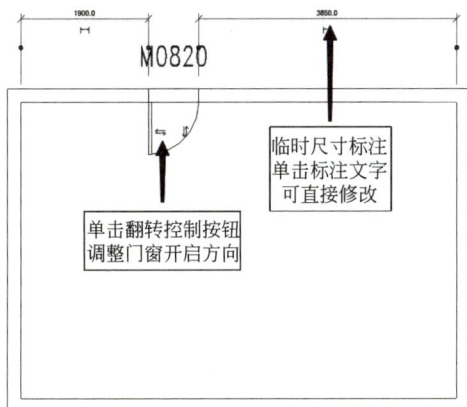

图1-56　插入门窗

拾取主体：选择门，打开【修改门】的选项卡，单击【拾取主体】命令，可更换放置门的主体，即把门移动放置到其他墙上。

在平面插入窗，其窗台高为【默认窗台高】参数值。

在立面上，可以在任意位置插入窗。在插入窗族时，立面出现绿色虚线时，此时窗台高为【默认窗台高】参数值。

门窗编辑

（1）修改门窗参数

点击门、窗图元，在【属性】面板中可修改已选中的门、窗实例参数，点击【编辑类型】，在【类型属性】对话框中点击【复制】，可以创建新的门、窗类型，并且修改其类型的高度、宽度、窗台高度、框架等可见型参数。

实例参数的修改并不会影响到已经创建好的图元的参数，而修改类型参数将会影响所有同类型名称的图元的参数。

（2）鼠标控制修改

点击门、窗会出现开启方向控制和临时尺寸，鼠标点击即可改变门、窗开启方向和修改位置尺寸（图 1-57）。

鼠标按住并拖拽门、窗图元，即可改变门窗位置，墙洞位置也会随之改变。

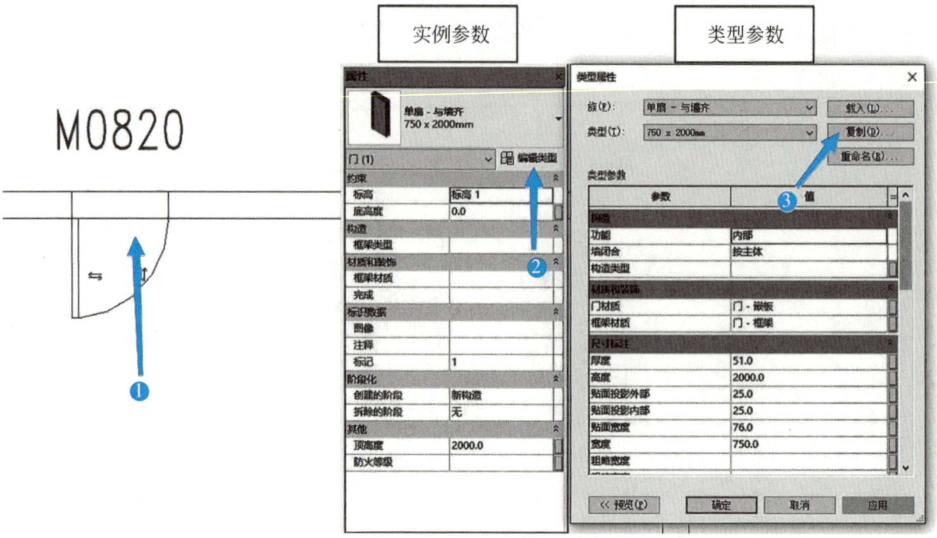

图 1-57　门窗编辑

任务 7　板

楼板

楼板是指直接承受楼面荷载的板，在 Revit 当中，楼板分为【建筑板】和【结构板】，结构板可以布置钢筋，而建筑板个可以布置钢筋，如果没有绘制钢筋需求，我们默认使用建筑板命令绘制楼板即可。

楼板一般分为【室内楼板】与【室外楼板】，室内楼板指建筑物外墙以里的楼板，室外楼板包括室外台阶、空调挑板、雨棚挑板等建筑构件。

（1）创建楼板类型

点击【建筑】→【楼板】，在【属性】面板"类型选择器"下拉列表中选择需要的楼板类型，如没有想要的类型，点击【编辑类型】，在【类型属性】对话框中，复制并创建新的楼板类型（图 1-58）。

（2）修改楼板参数

在【属性】对话框中修改楼板的参照标高、自标高的高度偏移等实例参数。

　　·　　　　·　　　　建筑信息模型（BIM）建模案例教程

在【编辑类型】→【类型属性】→【功能】选项中，室内楼板选择设置【内部】，室外楼板选择设置【外部】。

点击【构造】栏处的结构进行【编辑】，进入楼板构造编辑对话框（图1-59）。楼板构造层厚度及位置关系（对话框【向上】【向下】按钮）可以由用户自行定义。

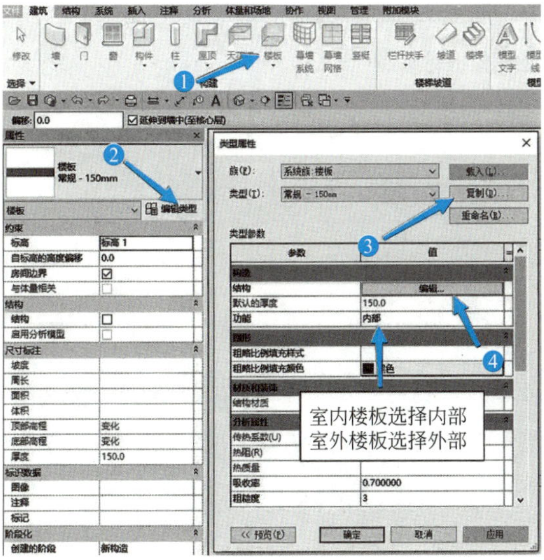

图1-58 创建楼板类型

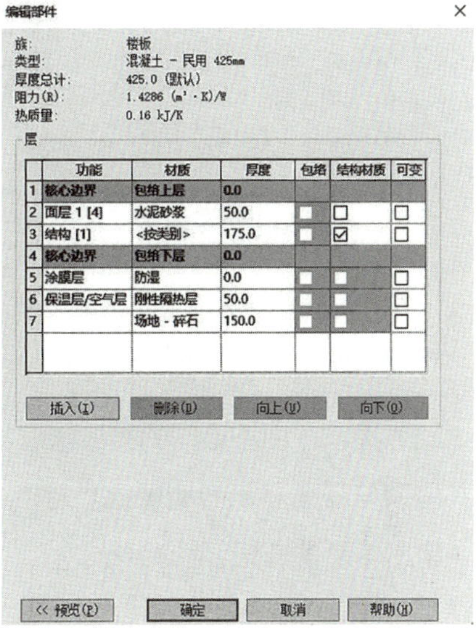

图1-59 修改楼板参数

注：修改楼板构造的方式与修改墙的构造方式类似，在绘制前必须预先定义好需要的楼板类型、参数。

（3）绘制楼板边线

当退出【类型属性】对话框后，开始绘制楼板轮廓线。

使用以下方法之一绘制楼板边界。

1）拾取墙：默认情况下，【拾取墙】处于活动状态。如果它不处于活动状态，点击【修改 | 创建楼层边界】→【绘制】→【拾取墙】命令（图1-60），在绘图区域中选择要用作楼板边界的墙。

2）绘制边界：要绘制楼板的轮廓，在【修改 | 创建楼层边界】→【绘制】面板，然后选择绘制工具。

楼层边界必须为闭合环（轮廓）。要在楼板上开洞，可以在需要开洞的位置绘制另一个闭合环。

在选项栏上，指定楼板边缘作为【偏移】（图1-61）。

注：使用【拾取墙】时，可选择【延伸到墙中（至核心层）】测量到墙核心层之间的偏移。

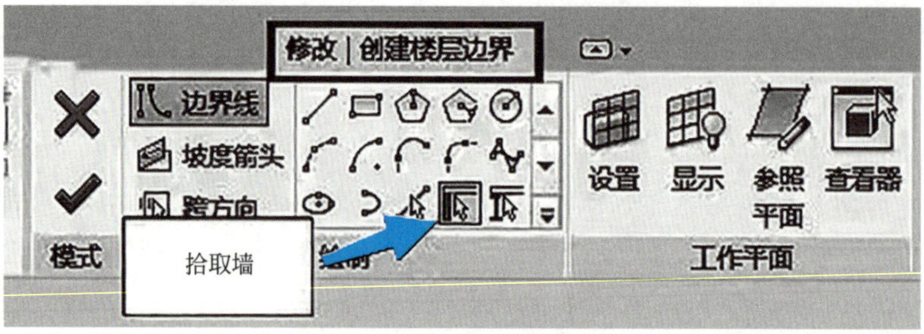

图1-60 绘制楼板轮廓线

图1-61 墙偏移

提示：由于绘制的楼板与墙体有部分的重叠，因此 Revit 提示对话框"楼板/屋顶与高亮显示的墙重叠。是否希望连接几何图形并从墙中剪切重叠的体积？"单击【是】按钮。

屋顶

（1）迹线屋顶

屋顶是建筑的重要组成部分。在 Revit 中提供了多种建模工具。如：迹线屋顶、拉伸屋顶、面屋顶、玻璃斜窗等创建屋顶的常规工具。

迹线屋顶的创建方式与楼板创建方式大致相同。

创建屋顶类型

点击【建筑】→【楼板】，在【属性】面板"类型选择器"下拉列表中选择需要的屋顶类型，如没有想要的类型，点击【编辑类型】，在【类型属性】对话框中，复制并创建新的屋顶类型（图1-62）。

修改屋顶参数

在【属性】对话框中修改屋顶的参照标高、自标高的高度偏移等实例参数。

点击【构造】栏处的结构【编辑】，进入屋顶构造编辑对话框（图1-63）。屋顶构造层厚度及位置关系（对话框【向上】【向下】按钮）可以由用户自行定义。

注：修改屋顶构造的方式与修改墙、楼板的构造方式类似，在绘制前必须预先定义好需要的屋顶类型、参数。

建筑信息模型（BIM）建模案例教程

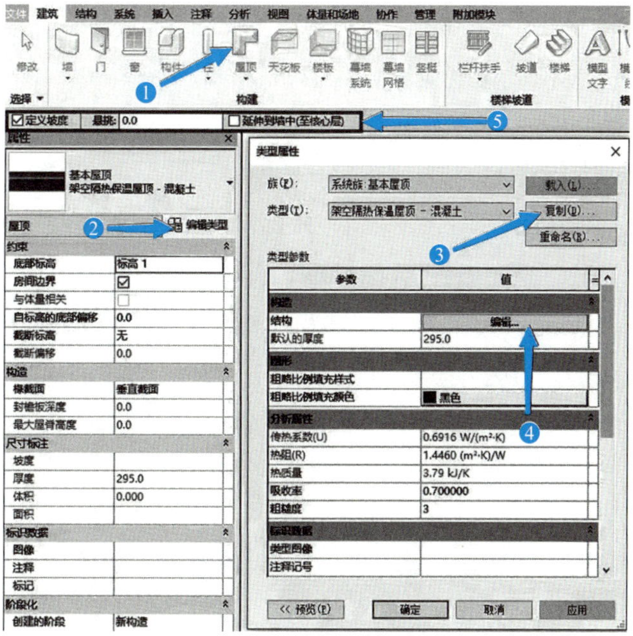

图1-62 创建屋顶类型

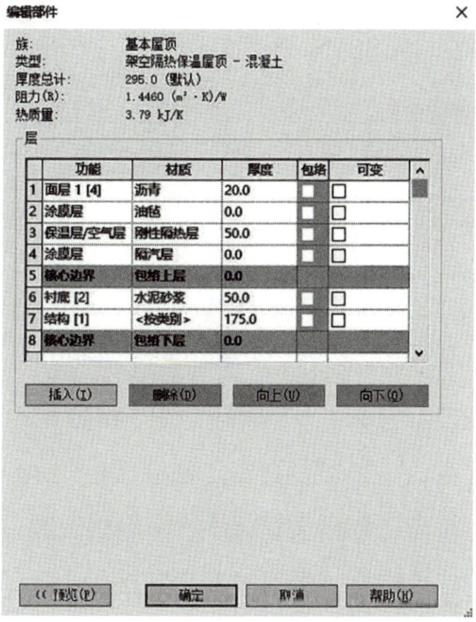

图1-63 修改屋顶参数

（2）绘制屋顶边线

当退出【类型属性】对话框后，开始绘制屋顶轮廓线。

使用以下方法之一绘制屋顶边界：

1）拾取墙：默认情况下，【拾取墙】处于活动状态。如果它不处于活动状态，点击【修改 | 创建楼层边界】→【绘制】→【拾取墙】命令。（图1-64）在绘图区域中

选择要用作屋顶边界的墙。

2）绘制边界：要绘制屋顶的轮廓，在【修改 | 创建楼层边界】→【绘制】面板，然后选择绘制工具。

屋顶边界必须为闭合环（轮廓）。要在屋顶上开洞，可以在需要开洞的位置绘制另一个闭合环。

在选项栏上，指定屋顶边缘的偏移作为【悬挑】（图 1-64）。

选择轮廓线，选项栏勾选【定义坡度】，⬦ 30.00°符号出现在其上方，单击角度值设置屋面坡度，所有线条取消勾选【定义坡度】则生成平屋顶。

注：使用【拾取墙】时，可选择【延伸到墙中（至核心层）】测量到墙核心层之间的偏移。

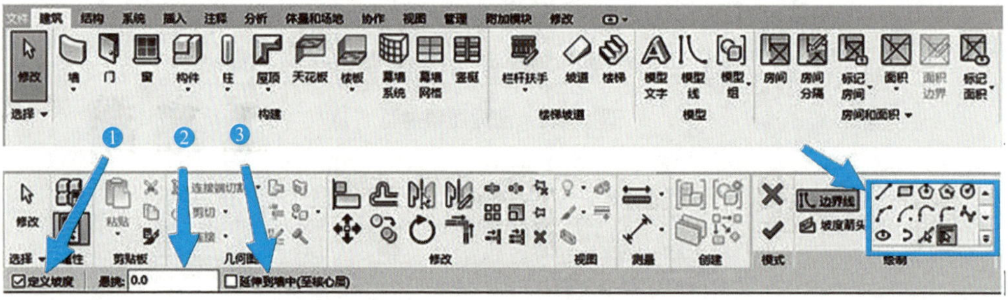

图 1-64　选择迹线屋顶工具

天花板

当在平面视图中，点击【建筑】→【天花板】，设置天花板的【实例参数】与【类型参数】后，即可绘制天花板（参数设置方法与楼板相同）。

天花板的绘制默认为【自动创建天花板】，绘制时只需设置好天花板相关参数后，将鼠标放到封闭的房间内，点击鼠标即可放置天花板。

取消使用【自动创建天花板】命令，可手动创建天花板，主要是在未封闭的墙体中使用。设置天花板族类型后，即可按照楼板的绘制方式进行创建。采用【拾取墙】工具或者【直线】工具均可（图 1-65）。

图 1-65　绘制天花板

任务 8 栏杆楼梯和栏杆

楼梯

（1）Revit 楼梯

在楼梯零件编辑模式下，可以直接在平面视图或三维视图中装配构件。楼梯可以包括以下内容：

梯段，直梯、螺旋梯段、U 形梯段、L 形梯段、自定义绘制的梯段。

平台，在梯段之间自动创建，通过拾取两个梯段，或通过创建自定义绘制的平台；支撑（侧边和中心），随梯段自动创建，或通过拾取梯段、平台边缘创建。

栏杆扶手，在创建期间自动生成，或稍后放置。

（2）创建楼梯

在 Revit 中楼梯的创建可以通过以下两种方式：一种是按草图的方式创建楼梯；一种是按构建的方式创建楼梯。这里主要通过草图的方式创建楼梯。

当出现两层或两层以上的建筑时，就需要为其添加楼梯。楼梯同样属于系统族，在创建楼梯之前必须为楼梯定义类型属性以及实例属性。

注：天花板规范称为顶棚，由于软件中使用"天花板"，为不产生矛盾故正文与软件一致。

在平面视图里，点击【建筑】→【楼梯】命令，在【属性】面板"类型选择器"下拉列表中选择【整体浇筑楼梯】。

点击【编辑类型】，在【类型属性】对话框中修改楼梯的类型参数（图 1-66）。这里的计算规则是【最大】与【最小】参数，属于临界值，实际参数需要在实例参数中修改。在【梯段类型】与【平台类型】中可修改其类型参数。（多种不同类型楼梯、梯段类型、平台类型，修改类型属性参数前请先复

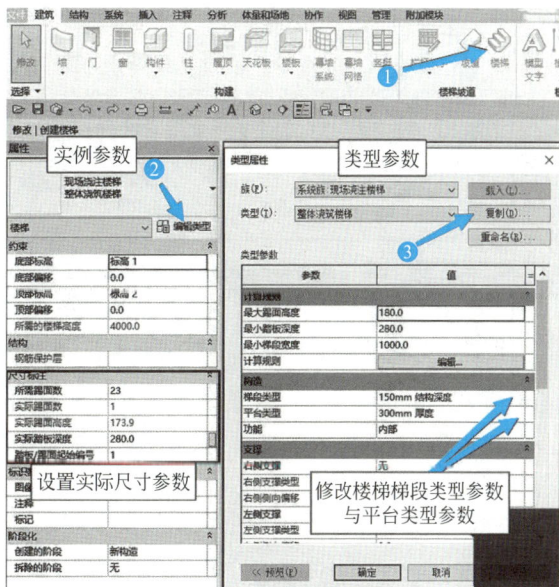

图 1-66 楼梯参数

制一个类型）。

类型参数设置完成后，在【属性】面板对话框中修改放置楼梯的实例参数，如底部标高、顶部标高及偏移量，实际楼梯的参数，如梯面数、踏步宽等。

选择楼梯梯段形式（直梯、螺旋梯段、U 形梯段、L 形梯段、自定义绘制的梯段），在选项栏中设置楼梯绘制定位线，偏移量、实际梯段宽度，自动生成平台（图 1-67）。

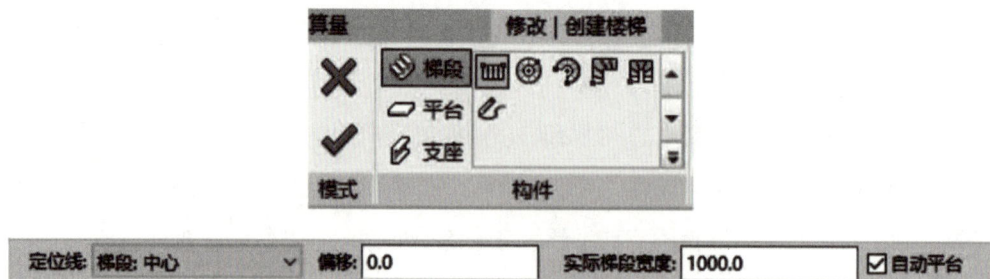

图 1-67　梯段样式及参数

栏杆扶手

在 Revit 中，可以为项目添加各种样式的扶手，既可以单独绘制扶手，也可以在绘制楼梯、坡道等主体构件时自动创建扶手。在创建扶手前，需要定义扶手的类型和结构。

在平面视图中点击【建筑】→【栏杆扶手】下拉按钮，选择【绘制路径】选项，切换至【修改 | 创建栏杆扶手路径】上下文选项卡（图 1-68）。

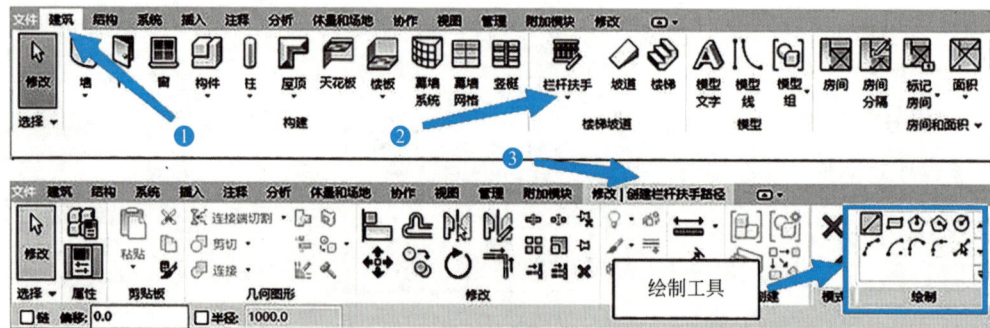

图 1-68　【栏杆扶手】工具

点击【属性】面板中的【编辑类型】选项，打开栏杆扶手的【类型属性】对话框，在该对话框中选择扶手类型，并复制该类型为当前扶手名称，并修改栏杆扶手的类型参数（图 1-69）。

　　　·　　　　　·　　　　　建筑信息模型（BIM）建模案例教程

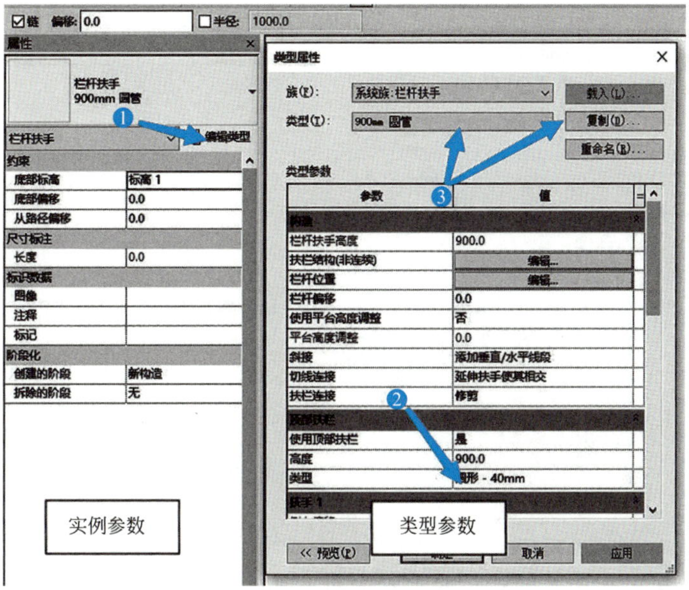

图 1-69 扶手参数设置

类型参数修改完成后，在【属性】对话框中修改栏杆扶手的实例参数，如底部标高、底部偏移等。

在平面视图中，选择绘制工具后，即可绘制栏杆扶手的路径。

任务 9　创建房间

创建房间

只有闭合的房间边界区域才能创建房间对象。Revit 可以自动搜索闭合的房间边界，并在房间边界区域内创建房间，创建房间时可以标记房间名称。

在平面视图中，点击【建筑】→【房间和面积】面板下拉按钮展开该面板，选择【面积和体积计算】选项，打开【面积和体积计算】对话框。在该对话框的【计算】选项卡中分别启用【仅按面积（更快）】选项与【在墙核心层】选项（图 1-70）。

点击【房间和面积】面板中的【房间】按钮 ，进入【修改 | 放置房间】上下文选项卡中，选中【标记】面板中的【在放置时进行标记】选项，在【属性】对话框中"类型选择器"为【标记 – 房间 – 无面积 – 方案 – 黑体】（标记类型可根据实际需要自行选择），设置【上限】【高度偏移】数据（图 1-71）。

图1-70 【面积和体积计算】面板和【房间】工具

图1-71 【属性】面板

将光标移至轴线区域内的房间位置时，发现 Revit 自动显示房间预览线，单击即可创建房间。

退出创建房间后，鼠标双击房间标签，即可更改房间名称。

创建房间后，还可以删除房间图元，只要选中房间图元后按 Delete 键即可，删除房间图元的同时，房间标记也随之被删除。

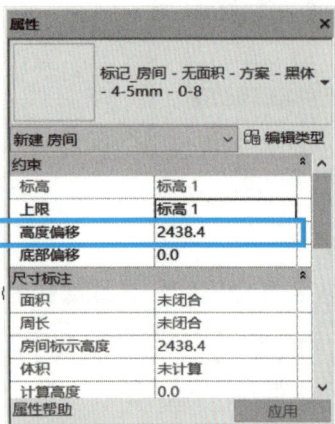

房间标记

房间与房间标记不同，但它们是相关的 Revit 构件。房间标记是可在平面视图和剖面视图中添加和显示的注释图元。房间标记可以显示相关参数的值，例如房间编号、房间名称、计算的面积和体积等参数。

由于在创建房间时，选中了【标记】面板中【在放置时进行标记】选项，所以在创建房间的同时创建了房间标记（图1-72）。

选择【建筑】→【房间标记】命令。确定【属性】面板选择器为【标记 - 房间 - 无面积 - 方案 - 黑体】（用户自定义类型），这时 Revit 中会高亮显示所有已放置的房间图元，点击未标记的房间，即可为该房间图元添加相应的房间标记。

图1-72 房间标记

当选择【房间标记】下拉列表中的【标记所有未标记的对象】工具，在打开的【标记所有未标记

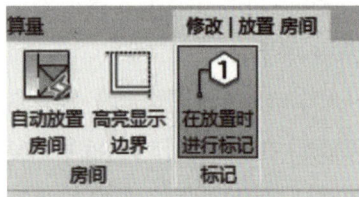

建筑信息模型（BIM）建模案例教程

的对象】对话框中选择列表中的【房间标记】，单击【确定】按钮即可自动为该视图中的所有房间添加房间标记（图1-73）。

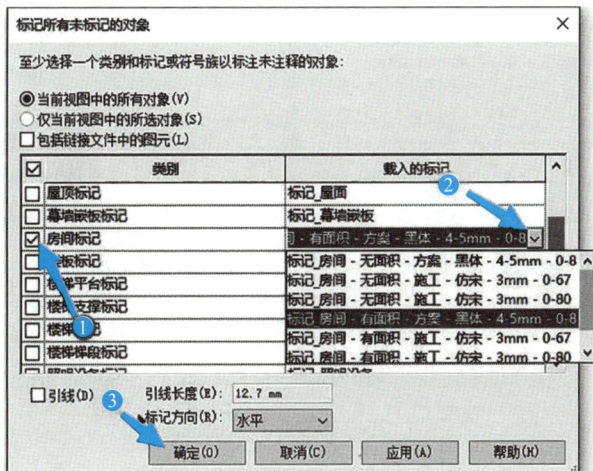

图1-73　自动添加房间标记

房间图例

添加房间后可以在房间中添加图例，并采用颜色填充等方式用于更清晰地表现房间范围与分布。对于使用颜色方案的视图，颜色填充图例是颜色标识的关键所在。

在平面视图中，点击【注释】→【颜色填充图例】命令，鼠标在绘图区域空白位置点击放置图例（图1-74）。

图1-74　放置图例

放置完成后点击此空白图例，点击【修改 / 颜色填充图例】→【编辑方案】，方案类别选择【房间】，标题名称自定义，颜色选择【名称】，即可自动生成房间图例颜色，房间颜色也可自行更改（图 1-75）。

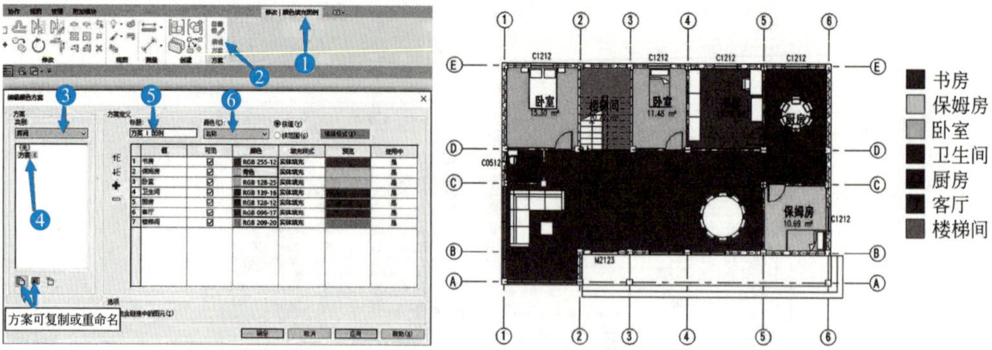

图 1-75　修改房间图例颜色

任务 10　渲染

渲染外观

材质是表现对象表面颜色、纹理、图案、质地和材料等特性的一组设置。通过将材质附着给三维建筑模型，可以在渲染时显示模型的真实外观。如果在材质中再添加相应的贴花，则可以使模型显示出照片级的真实效果。

（1）材质

创建三维建筑模型时，如果指定恰当的材质，即可完美地表现出模型效果。在 Revit 中，用户可以将材质应用到建筑模型的图元中，也可以在定义图元族时将材质应用于图元。

材质简介

在 Revit 中，材质代表实际的材质，例如混凝土、木材和玻璃。这些材质可应用于设计的各个部分，使对象具有真实的外观。在部分设计环境中，由于项目的外观是重要的，因此材质还具有详细的外观属性，如反射率和表面纹理，效果如图 1-76 所示。

材质设置

切换至【管理】选项卡，单击材质按钮，系统将打开【材质浏览器】对话框（图 1-77）。

建筑信息模型（BIM）建模案例教程

图1-76 材质效果

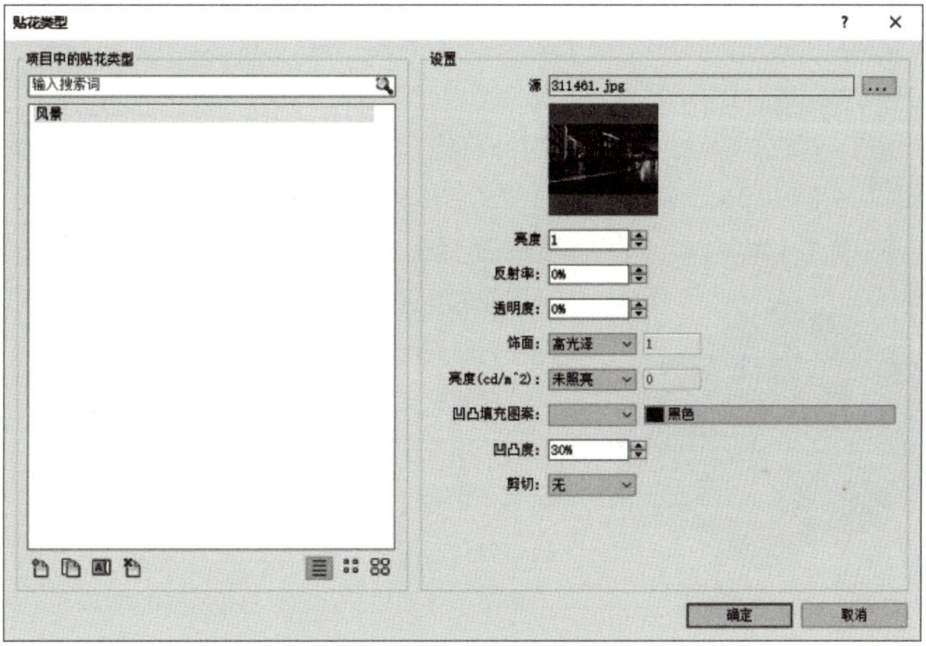

图1-77 【材质浏览器】对话框

其中，该对话框的左侧为材质列表，包含项目中的材质和系统库中的材质；右侧为材质编辑器，包含选中材质的各资源选项卡，用户可以进行相应的参数设置。

（2）贴花

在 Revit 中，利用相应的工具可以将图像放置到建筑模型的表面上以进行渲染。例如，可以将贴花用于标志、绘画和广告牌，效果如图 1-78 所示。

对于每个贴花，用户都可以指定一个图像及其反射率、亮度和纹理（凹凸贴图）。通常情况下，可以将贴花放置到水平表面和圆筒形表面上（图 1-79）。

图1-78 附着贴花渲染效果

图1-79 【贴花类型】对话框

贴花类型

切换至【插入】选项卡，在【贴花】下拉列表中单击【贴花类型】按钮，系统将打开【贴花类型】对话框。

此时，单击左下角的【新建贴花】按钮，输入贴花的类型名称，并单击【确定】按钮，【贴花类型】对话框将显示新贴花的名称及其属性（图1-79）。在该对话框中，用户可以单击【源】右侧的【浏览】按钮，选择要添加的图像文件，还可以设置该图像的亮度、反射率、透明度和纹理（凹凸度）等贴花的其他属性。

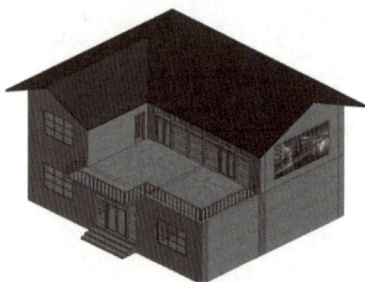

图1-80 放置贴花

放置贴花

切换至【插入】选项卡，然后在【贴花】下拉菜单中单击【放置贴花】按钮，【属性】选项板将自动选择之前所创建的贴花类型，系统将打开【贴花】选项栏。此时，在视图中指定表面的相应位置上单击，即可放置贴花，效果如图1-80所示。

渲染操作

渲染是基于三维场景来创建二维图像的一个过程。该操作通过使用在场景中已设置好的光源、材质和配景，为场景的几何图形进行着色。通过渲染可以将建筑模型的光照效果、材质效果以及配景外观等完美地表现出来。

（1）渲染设置

在渲染三维视图前，用户首先需要对模型的照明、图纸输出的分辨率和渲染质量进行相应的设置。一般情况下，利用系统经过智能化设计的默认设置来渲染视图，即可得到令人满意的结果。

在平面视图中，点击【视图】→【三维视图】下拉菜单，选择【相机】，在平面视图中选择一个相机位置点与相机视图方向。放置完成后会自动跳转到相机视角中，在相机视角中也可以旋转模型角度，选择拖拽范围框可以扩大相机视角范围。

在相机视角或三维视图中，切换至【视图】选项卡，单击【渲染】按钮 ，系统将打开【渲染】对话框（图1-81）。

图1-81　【渲染】对话框

（2）渲染

渲染操作的最终目的是创建渲染图像。完成渲染相关参数的设置后，即可渲染视图，以创建三维模型的照片级真实感图像。

全部渲染

单击【渲染】对话框中上方的【渲染】按钮，即可开始渲染图像。此时系统将显示一个进度对话框，显示有关渲染过程的信息，包括采光口数量和人造灯光数量（图1-82）。

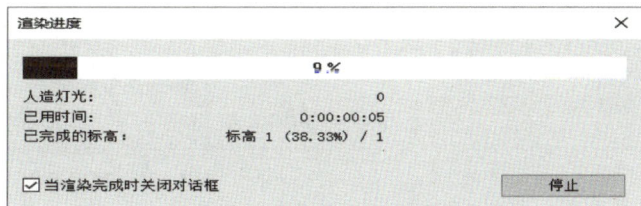

图1-82　【渲染进度】对话框

当系统完成模型的渲染后，该进度对话框将关闭，系统将在绘图区域中显示渲染图像（图 1-83）。

区域渲染

利用该方式可以快速检验材质渲染效果，节约渲染时间。在【渲染】对话框上方启用【区域】复选框，系统将在渲染视图中显示一个矩形的红色渲染范围边界（图 1-84）。此时，单击选择该渲染边界，拖曳矩形的边界和顶点即可调整该区域边界的范围。

调整曝光

渲染操作完成后，在【渲染】对话框中单击【调整曝光】按钮，系统将打开【曝光控制】对话框（图 1-85）。此时，用户即可通过输入参数值或者拖动滑块来设置图像的曝光值、亮度和中间色调等参数选项。

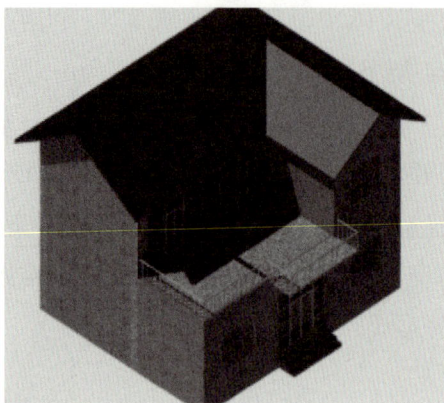

图 1-83　渲染图像

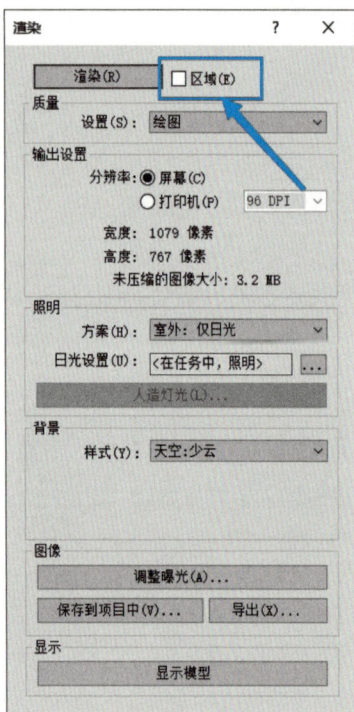

图 1-84　区域渲染

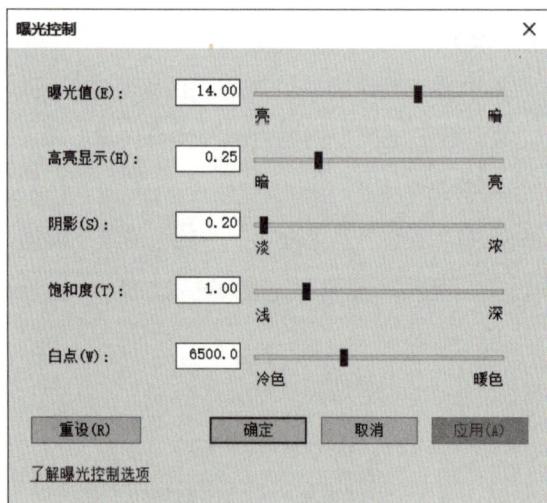

图 1-85　调整曝光

任务 11　创建漫游

　　漫游是指沿着定义的路径移动的相机，该路径由帧和关键帧组成，其中，关键帧是指可在其中修改相机方向和位置的可修改帧。默认情况下，漫游创建为一系列透视图，但也可以创建为正交三维视图。

创建漫游路径

　　在 Revit 中，创建漫游视图首先需要创建漫游路径，然后再编辑漫游路径关键帧位置的相机位置和视角方向。创建漫游路径的关键是在建筑的出入口、转弯和上下楼等关键位置放置关键帧，效果如图 1-86 所示。其中，路径线即为相机路径，而圆点则代表关键帧的位置。创建漫游路径的具体操作方法介绍如下。

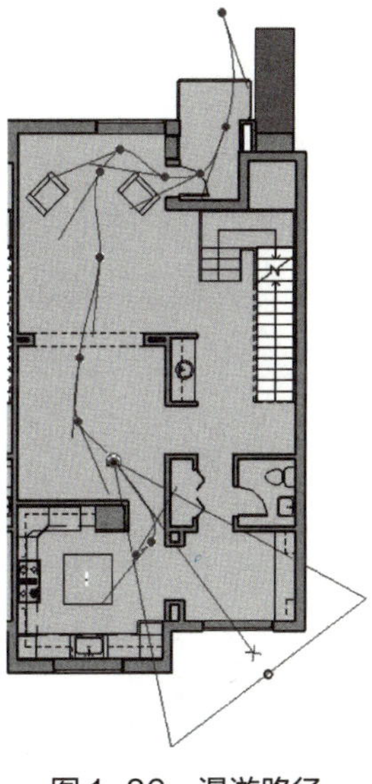

图 1-86　漫游路径 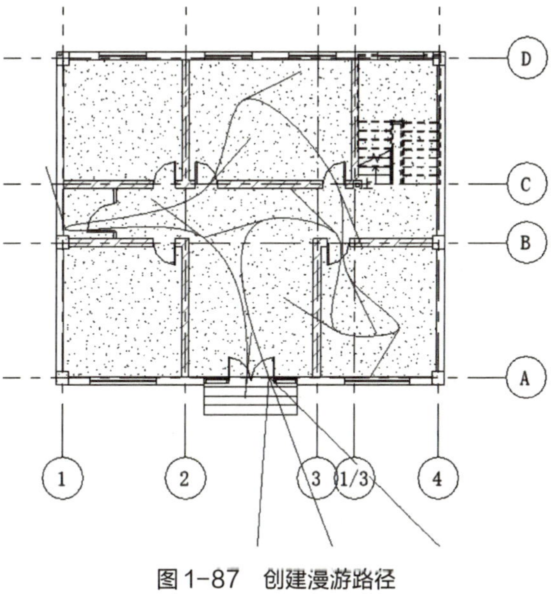　　　　　　　　　　　图 1-87　创建漫游路径

　　打开要放置漫游路径的平面视图，然后切换至【视图】选项卡，在【三维视图】下拉菜单中单击【漫游】按钮 ，系统将打开【漫游】选项栏。此时，启用【透视图】复选框，并设置视点的高度参数。接着，移动光标在视图中的相应位置，沿指定方向依次单击放置关键帧，即可完成漫游路径的创建，效果如图 1-87 所示。

漫游预览与编辑

完成漫游视图的创建后，用户可以随时预览其效果，并编辑其路径关键帧的相机位置和视角方向，以达到满意的漫游效果。

打开漫游视图，单击选择视图边界，系统将展开【修改 | 相机】选项卡，如图 1-88 所示，在该选项卡中即可预览并编辑漫游视图。

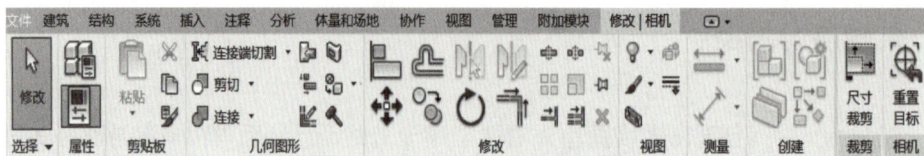

图 1-88 【修改 | 相机】选项卡

设置漫游帧

在【编辑漫游】选项栏中单击【帧设置】按钮，系统将打开【漫游帧】对话框（图 1-89）。

此时，即可对漫游过程中的各帧参数进行相应的设置。其中，若禁用【匀速】复选框，还可以对各关键帧位置处的速度进行单独设置，以加速或减速在某关键帧位置相机的移动速度，模拟真实的漫游进行状态，效果如图 1-90 所示。该加速器的参数值范围为 0.1 ~ 10。

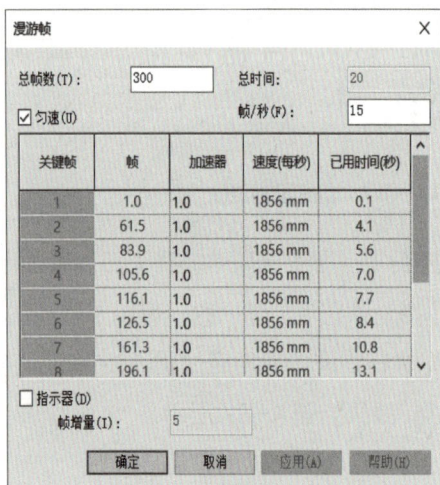

图 1-89 漫游帧对话框

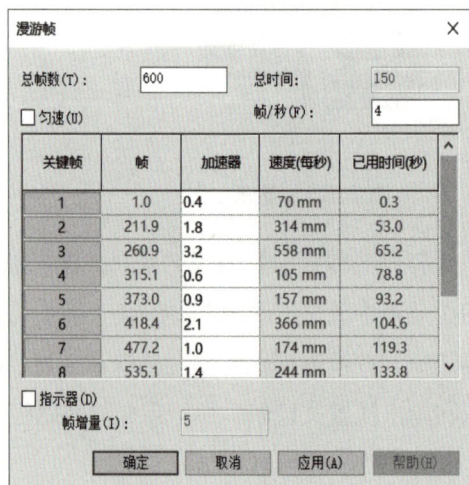

总帧数(T): 300　　总时间: 20
☑ 匀速(U)　　帧/秒(F): 15

关键帧	帧	加速器	速度(每秒)	已用时间(秒)
1	1.0	1.0	1856 mm	0.1
2	61.5	1.0	1856 mm	4.1
3	83.9	1.0	1856 mm	5.6
4	105.6	1.0	1856 mm	7.0
5	116.1	1.0	1856 mm	7.7
6	126.5	1.0	1856 mm	8.4
7	161.3	1.0	1856 mm	10.8
8	196.1	1.0	1856 mm	13.1

☐ 指示器(D)
帧增量(I): 5

确定　取消　应用(A)　帮助(H)

图 1-90 设置漫游帧参数

总帧数(T): 600　　总时间: 150
☐ 匀速(U)　　帧/秒(F): 4

关键帧	帧	加速器	速度(每秒)	已用时间(秒)
1	1.0	0.4	70 mm	0.3
2	211.9	1.8	314 mm	53.0
3	260.9	3.2	558 mm	65.2
4	315.1	0.6	105 mm	78.8
5	373.0	0.9	157 mm	93.2
6	418.4	2.1	366 mm	104.6
7	477.2	1.0	174 mm	119.3
8	535.1	1.4	244 mm	133.8

☐ 指示器(D)
帧增量(I): 5

确定　取消　应用(A)　帮助(H)

图 1-89 【漫游帧】对话框　　　　图 1-90 设置漫游帧参数

任务 12　场地与场地构建

添加地形表面

Revit 中场地工具用于创建项目的场地，而地形表面的创建方法包括两种：通过放置点方式生成地形表面；通过导入数据的方式创建地形表面。

打开场地平面视图，点击【体量和场地】→【地形表面】命令，在打开的【修改/编辑表面】上下文选项卡中，默认为【放置点】工具，在选项栏中设置【高程】数值下拉列表中选择【绝对高程】选项（图 1-91）。

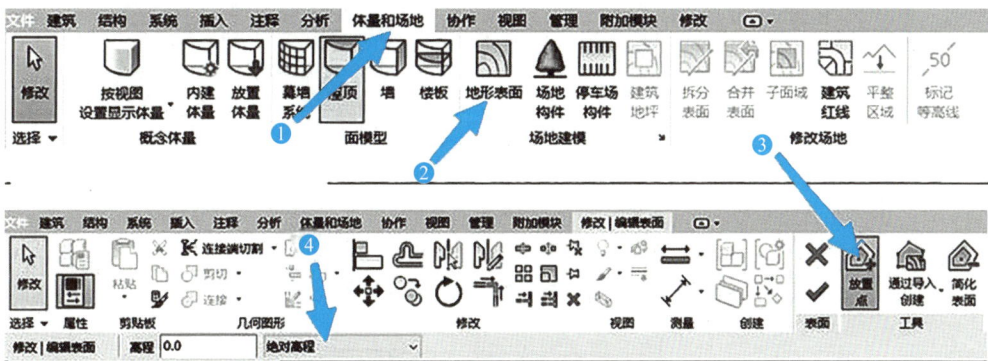

图 1-91　选择【地形表面】工具

在项目周围的适当位置（左上角、右上角、右下角、左下角）连续单击，放置高程点（图 1-92）。

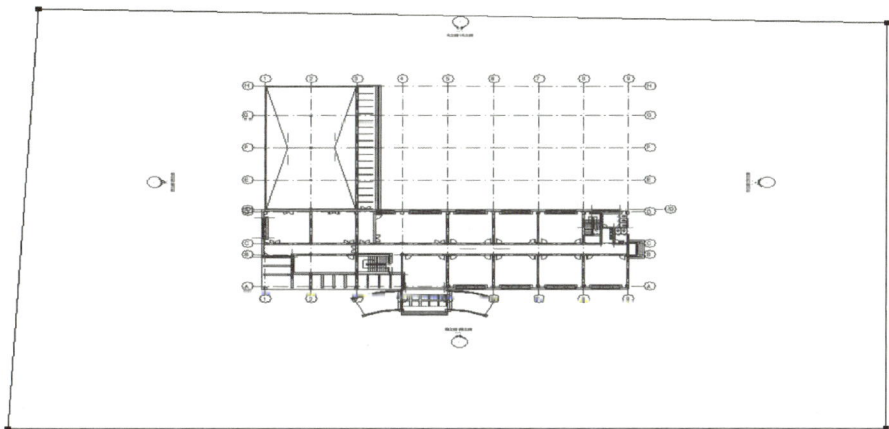

图 1-92　放置高程点

连续单击 Esc 键两次退出放置高程点状态，单击【属性】面板中【材质】选项右侧的【浏览器】按钮，打开【材质浏览器】对话框（图 1-93）。选择材质设置为当前材质，指定给地形表面。

图 1-93　设置地形表面材质

单击【表面】面板中的【完成表面】按钮，完成地形表面的创建（图 1-94）。

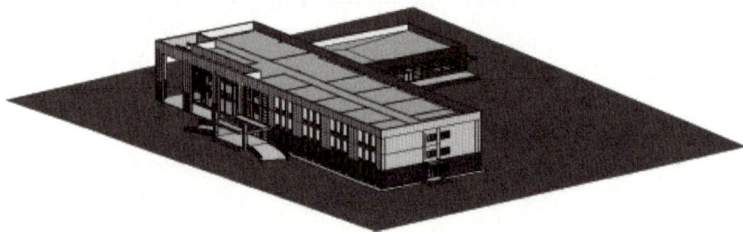

图 1-94　地形表面效果

任务 13　Revit 的设计流程

国内的建筑工程在设计阶段一般可划分为方案设计、初步设计和施工图设计这三个逐步深入的阶段。这些阶段中均以二维 CAD 图纸为主线，图纸成了整个设计工作的核心，占整个项目设计周期的比重也很大。

Revit 进行建筑设计时，流程和设计阶段的时间会与 CAD 绘图有较大区别。Revit 以三维模型为基础，设计过程是虚拟建造的过程，在 Revit 这一个软件平台下，完成从方案设计、施工图设计、效果图渲染、漫游动画等所有的设计工作，整个过程一气呵成。虽然在前期模型建立所花费的工作时间占整个设计周期的比例较大，但是在后期成图、变更、错误排查等方面具有很大优势。

（1）项目介绍及创建

在 Revit 中，首先选择项目样板，创建空白项目。

（2）绘制标高

用 Revit 绘制模型首先需要确定的是建筑高度方向的信息，即标高。在模型的绘制过程中，很多构件都与标高紧密联系。

（3）绘制轴网

绘制轴网的过程与基于 CAD 无太大区别，但必须注意 Revit 中的轴网是具有三维属性信息的，它与标高共同构成了建筑模型的三维网格定位体系。

（4）创建基本模型

在 Revit 中创建柱体时，需要先定义好柱体的类型——在柱族的类型属性中，定义包括柱厚、做法、材质、功能等，再指定柱体的到达标高等高度参数，在平面视图中指定的位置绘制生成三维柱体。

Revit 中提供了建筑柱和结构柱两种不同的柱构件。

（5）生成立面、剖面和详图

Revit 中的立面图、剖面图是根据模型实时生成的，实时更新且每个视图都相互关联。

（6）模型及视图处理

模型建立好后，要得到完全符合制图标准的图纸还需要进行视图的调整和设置。进行视图处理最快捷也是最常用的方法就是使用视图样板。视图样板可以定义在项目样板中，也可以根据需要自由定义。

（7）标注及统计

在 Revit 中要实现施工图纸，除了模型图元外，还必须在视图中添加注释图元，如标注、添加二维图元、统计报表等，主要有尺寸标注、标高（高程）标注、文字、其他符号标注等。

（8）生成效果图

模型建好后，就可以对模型中的图元进行材质设定，以满足渲染的需要。

（9）布图及打印输出

布图是指在 Revit 标题栏图框中布置视图，在一个图框中可以布置任意多个视图，且图纸上的视图与模型仍然保持双向关联。Revit 文件的打印既可以借助外部 PDF 虚拟打印机输出为 .pdf 文件，也可以输出成 Autodesk 公司自有的 .dwf 或 .uwfx 格式的文件，同时 Revit 中的所有视图和图纸也均可以导出为 .dwg 文件。

（10）与其他软件交互

在用 Revit 进行建筑设计的过程中，可以根据需要将 Revit 中的模型和数据导入到其他软件中做进一步的处理。

① 可将 Revit 创建的三维模型导入到 3D MAX 中进行更为专业的渲染，或导入到 Autodesk Ecotect Analysis 中进行生态方面的分析。

② 可以通过专用的接口将结构柱、梁等模型导入到 PKPM 或 ETABS 等结构建模或计算分析软件中进行结构方面的分析运算。

项目二
二层
小别墅

知识目标

通过本项目的学习，要求学生理解并掌握 Revit 软件功能区各种命令的使用方法；了解并掌握标高、轴网、墙体、窗、门、楼板、房间命名、屋顶、楼梯、洞口、台阶、散水、坡道和场地的创建；掌握构件的放置。

能力目标

（1）通过学习功能区的各种命令操作，培养学生运用建筑项目的基础命令，并且要求掌握快速精准创建建筑模型的能力。

（2）培养学生能准确绘制标高、轴网的数据信息，设置相应的编辑类型数据信息。

（3）培养学生能精确编辑并且绘制墙体、窗和门等构件，以及掌握构件信息的修改方式，在软件的工具栏中正确使用命令、精准放置各个构件。

（4）培养学生掌握创建房间以及标记房间命名，并学会标记房间面积。

（5）培养学生熟练掌握楼板和屋顶的绘制及其信息的修改方法。

（6）培养学生根据图纸查看楼梯的基本数据，判断工程适用的类型，并填入相应的数据完成楼梯的创建，以及培养学生掌握扶手的设置与修改。

（7）培养学生根据各个构件的数据掌握洞口、台阶、散水和坡道的创建以及构件信息的修改方式。

（8）培养学生掌握场地创建的方法，学会载入各个构件。

项目二　二层小别墅

- 创建标高
  - 绘制标高
  - 调整标高位置和类型
- 创建轴网
  - 绘制轴网
  - 调整轴网位置和类型
- 创建墙体
  - 编辑墙体类型
    - 编辑墙体的名称
    - 编辑墙体类型顶参数(厚度和材质)
  - 修改墙体位置
  - 绘制墙体
    - 选择绘制方式
- 创建窗
  - 编辑窗类型
    - 编辑窗的名称
    - 编辑窗类型参数(大小和材质)
  - 修改窗位置
  - 绘制窗
- 创建门
  - 编辑门类型
    - 编辑门的名称
    - 编辑门类型参数(大小和材质)
  - 修改门位置
  - 绘制门
- 创建楼板
  - 编辑楼板类型
    - 编辑楼板的名称
    - 编辑楼板类型参数(大小和材质)
  - 修改楼板位置
  - 绘制楼板
    - 选择绘制方式
- 房间进行命名
  - 放置房间
  - 编辑房间名称
- 创建屋顶
  - 编辑屋顶类型
    - 编辑屋顶的名称
    - 编辑屋顶类型参数(厚度和材质)
  - 修改屋顶位置
  - 绘制屋顶
    - 选择绘制方式
    - 修改坡度
- 创建楼梯、洞口
  - 编辑楼梯类型
    - 编辑楼梯的名称
    - 编辑楼梯类型参数(大小和材质)
  - 绘制楼梯
  - 创建竖井
  - 修改楼梯位置
- 创建台阶
  - 编辑台阶类型
    - 编辑台阶的名称
    - 编辑台阶类型参数(大小和材质)
  - 创建轮廓族
  - 载入项目并放置台阶
- 创建散水
  - 创建轮廓族
  - 编辑散水类型
    - 编辑散水名称
  - 载入项目并放置散水
- 创建坡道
  - 编辑坡道类型
    - 编辑坡道的名称
    - 编辑坡道类型参数(大小和材质)
  - 修改坡道位置
  - 绘制坡道
- 创建场地
  - 创建场地
    - 绘制参照平面并放置点
    - 修改放置点高程
  - 编辑场地类型
    - 编辑场地材质
- 放置构件
  - 编辑构建类型
  - 放置构建

任务1 创建标高

　　任意打开一个立面图，选择【建筑】选项卡中【基准】面板的【标高】命令，根据图纸进行标高的绘制。

　　在绘制标高的同时修改标高的属性。

　　例：南立面图（图2-1）。

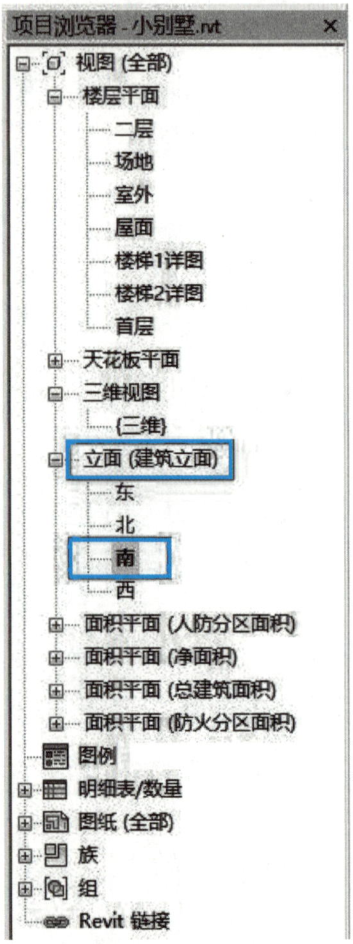

图2-1　南立面图

　　系统一开始默认有两条标高，然后点击【建筑】选项卡中基准面板的【标高】（图2-2）开始创建图纸中的标高。

　　点击后会出现修改 | 放置标高面板，再将鼠标移动到绘图区域（图2-3）。

　　设置标高的偏移量，并且勾选创建平面视图（图2-4）。

图 2-2　创建标高

图 2-3　绘制标高

图 2-4　设置标高偏移量

光标移动到已有的标高附近会高亮显示将要绘制的标高是否对齐，对齐后可以直接输入层高值 3.6m（图 2-5）。

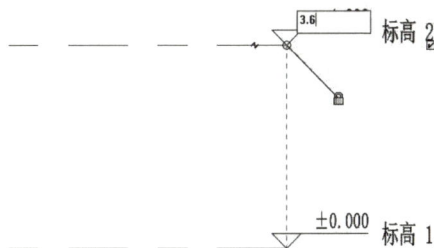

图 2-5　输入层高值

或者绘制后调整其高度 3600mm（图 2-6）。

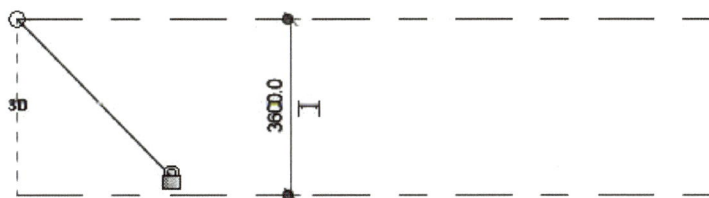

图 2-6　调整高度

建立室外地坪标高，点击属性中的【下标头】（图 2-7）。

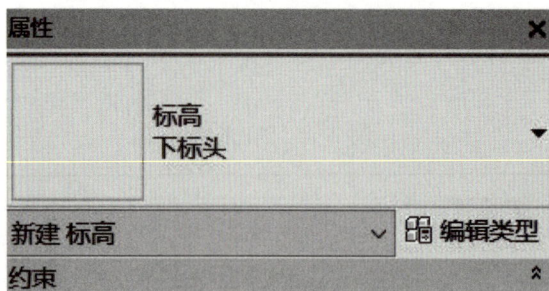

图 2-7　调至 [下标头]

绘制标高输入 -0.3（图 2-8）。

图 2-8　输入数值

将所有的标高做出后，开始修改标高的属性。点击属性面板中的编辑类型（图 2-9）。

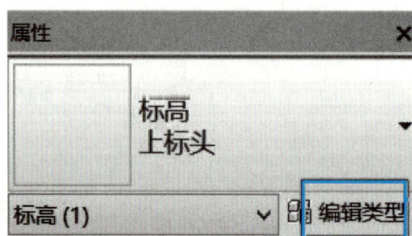

图 2-9　编辑类型

点击线型图案，将实线改为【三分段虚线】（图 2-10）。

勾选"轴线端点处的默认符号"。标高修改完后（图 2-11），开始编辑标高。

编辑方法：当选择任意一根标高线时，会显示临时尺寸，一些控制符号和复选框（图 2-12），可以编辑其尺寸值、单击并拖拽控制符号可整体或单独调整标高标头位置、控制标头隐藏或显示、标头偏移等。

　　·　　·　　建筑信息模型（BIM）建模案例教程

类型属性

族(F):	系统族:标高	载入(L)...
类型(T):	上标头	复制(D)...
		重命名(R)...

类型参数

参数	值	=
约束		
基面	项目基点	
图形		
线宽	1	
颜色	RGB 128-128-128	
线型图案	三分段虚线	
符号	上标高标头	
端点 1 处的默认符号	☐	
端点 2 处的默认符号	☑	

<< 预览(P)　　　　确定　　　　取消　　　　应用

图 2-10　修改线型图案

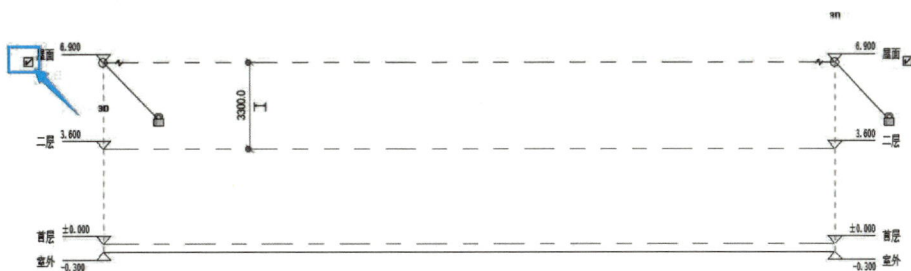

图 2-11　勾选默认符号

项目二　二层小别墅

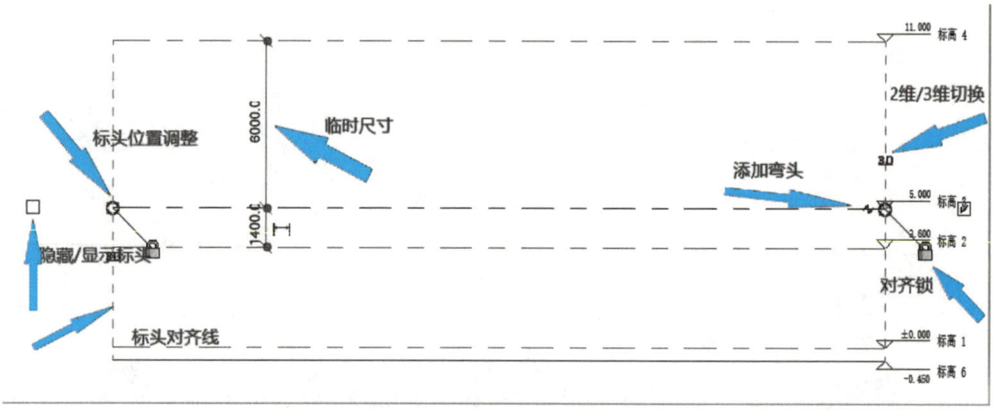

图 2-12　编辑方法

任务 2　创建轴网

在 Revit 创建轴网应在楼层平面中进行。点选【建筑】选项卡中【基准】面板里的【轴网】指令，再双击选择如图 2-13 所示楼层平面中的首层。

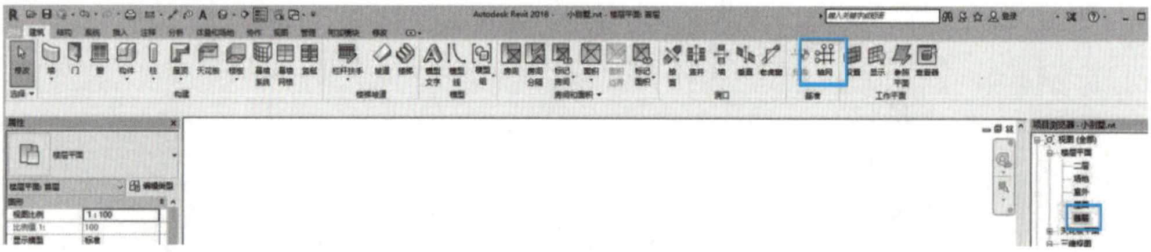

图 2-13　进入首层

接下来开始创建轴网（图 2-14）。

图 2-14　创建轴网

首次创建完成的轴网与标准不相符，需要进行修改。

点击【轴网】指令后，选择属性面板中的编辑类型，对轴网的属性做一些修改（图 2-15）。

建筑信息模型（BIM）建模案例教程

修改如图 2-16 所示:

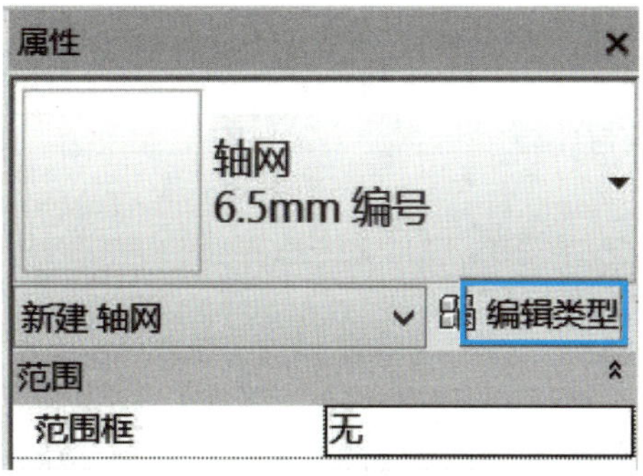

图 2-15　编辑类型

（1）轴线中段为【连续】；

（2）勾选【平面视图轴号端点 1】。

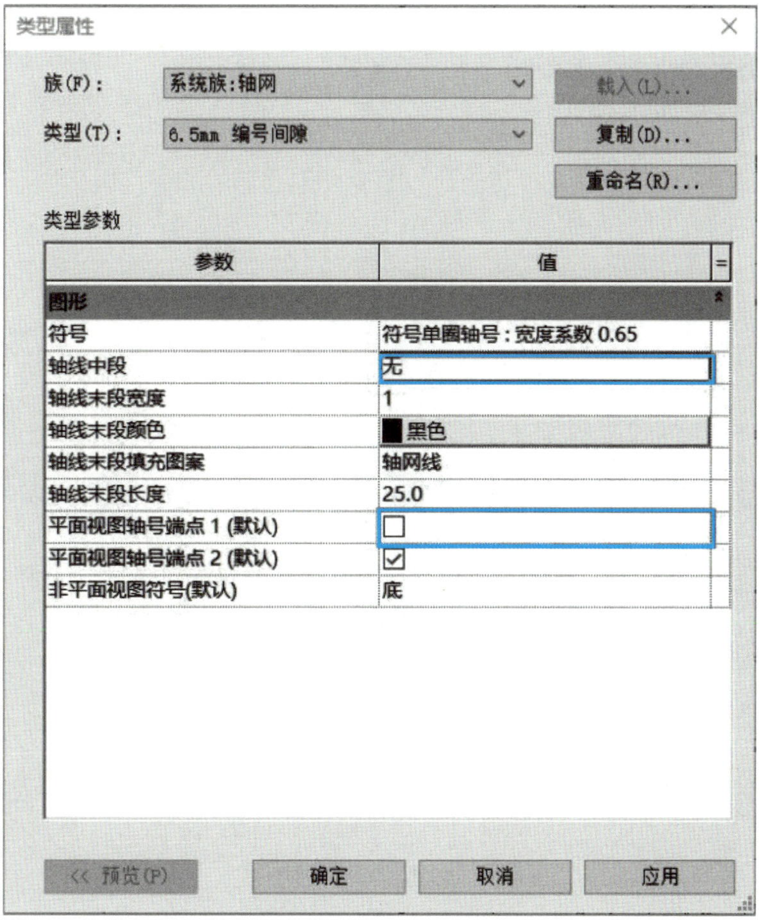

图 2-16　修改轴网属性

修改完后如图 2-17 所示。

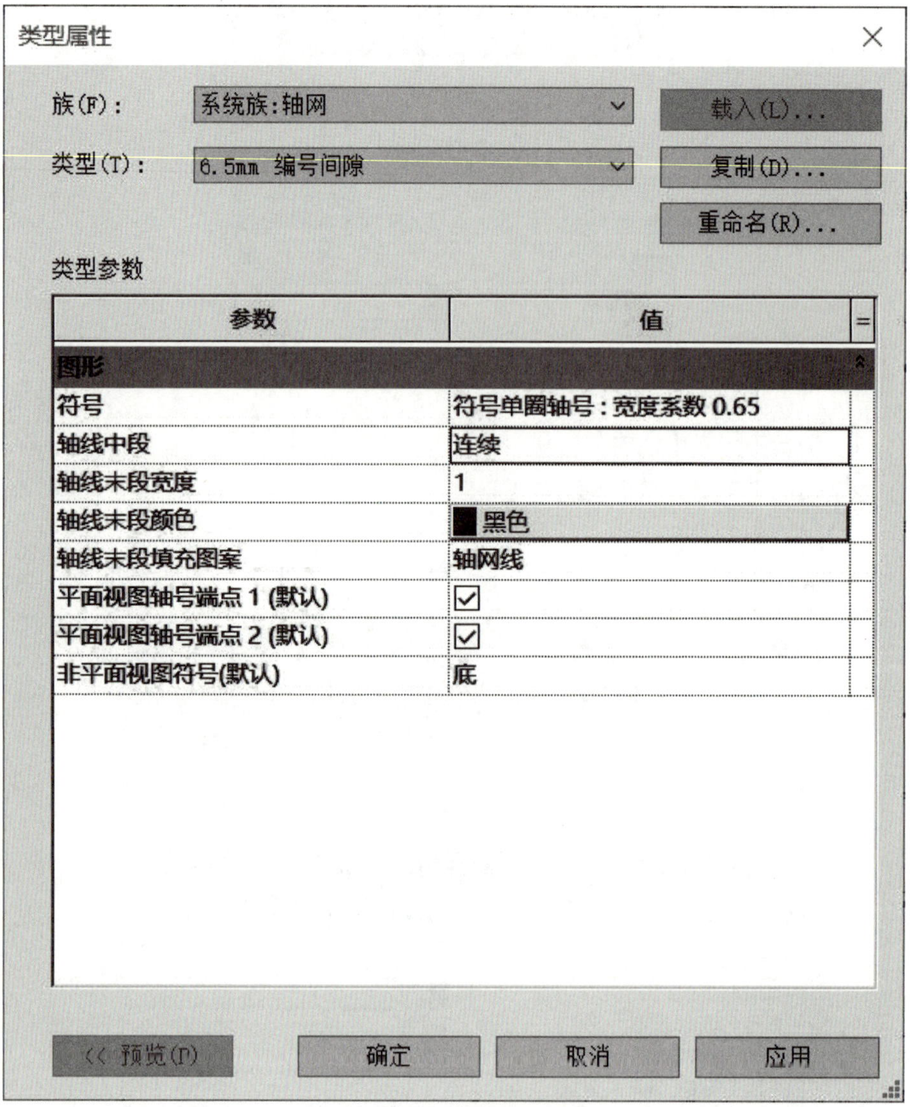

图 2-17 修改完成

此时绘图面板中显示的轴网为修改后的样子（图 2-18）。

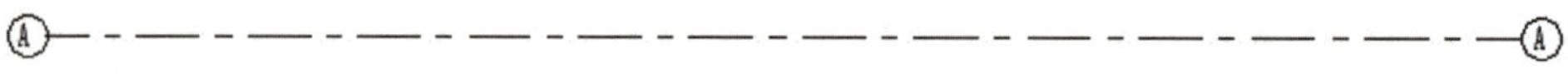

图 2-18 修改后轴网的样式

开始依据图纸创建完整的轴网。

建筑信息模型（BIM）建模案例教程

点击【轴网】指令后，面板会自动显示对齐轴网的放置位置，自动显示临时尺寸标注，可以通过输入两条轴网之间距离的方式编辑轴网（图 2-19）。

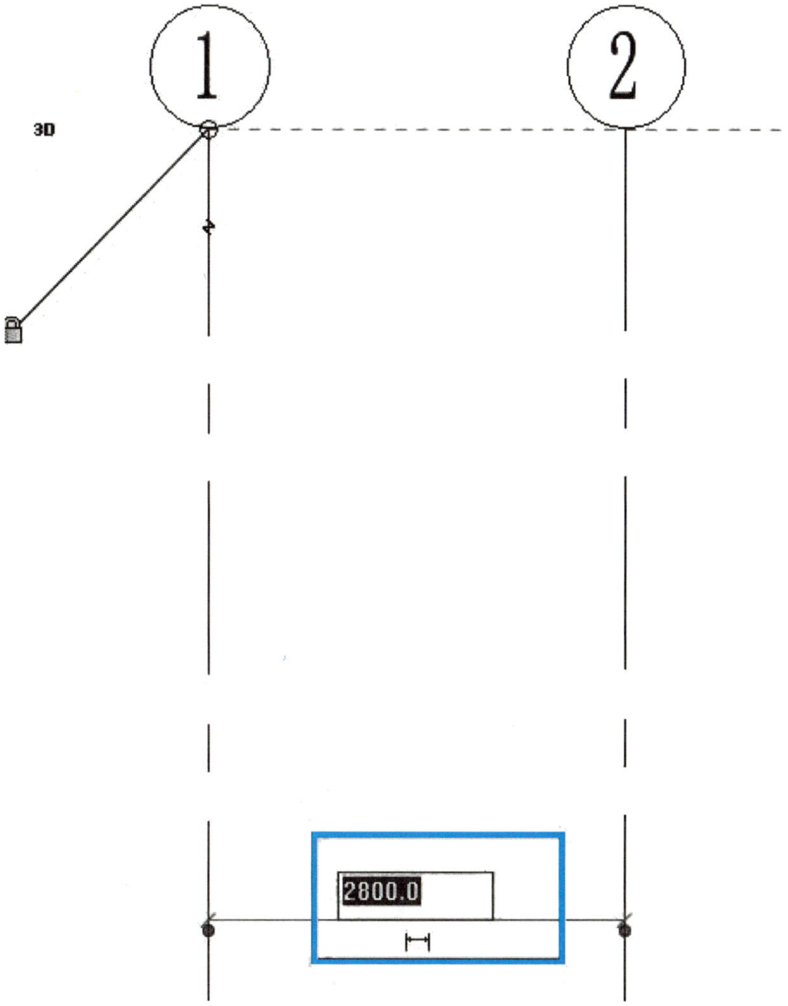

图 2-19　编辑轴网间尺寸

以此类推创建剩下的纵向轴网，创建结果如图 2-20 所示。

开始建立横向轴网。与纵向轴网不同的是，横向轴网的标号以大写的英文字母为标注。需要修改轴网的名称，且若修改一个轴网的名称后，随后的轴网将会按字母或数字顺序依次排列。

首先创建一个横向的标高再修改，标高的名称为 A（图 2-21）。

在楼层平面视图中，在轴网的上下左右有 4 个图案。这 4 个图案是东、南、西、北的位置，也是通过某个位置的图标来生成相应的立面图。没有图标则不能生成立面

图 2-20 轴网完成后样式

图。图标若是在轴网范围内，会造成这一立面视图不完全的情况，可单击图标拖拽到适当的位置（图 2-22）。

建立好的轴网如图 2-23 所示。

之后全选所有轴网（图 2-24）。

然后点击影响范围（图 2-25）。

进入影响范围界面选择全部楼层平面（图 2-26）。

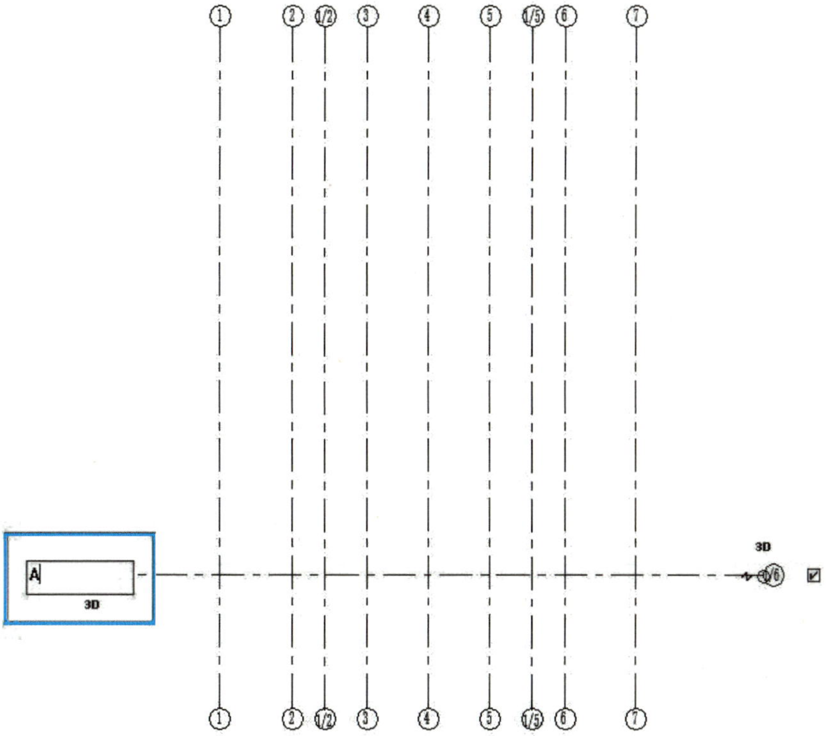

图 2-21　创建横向轴网

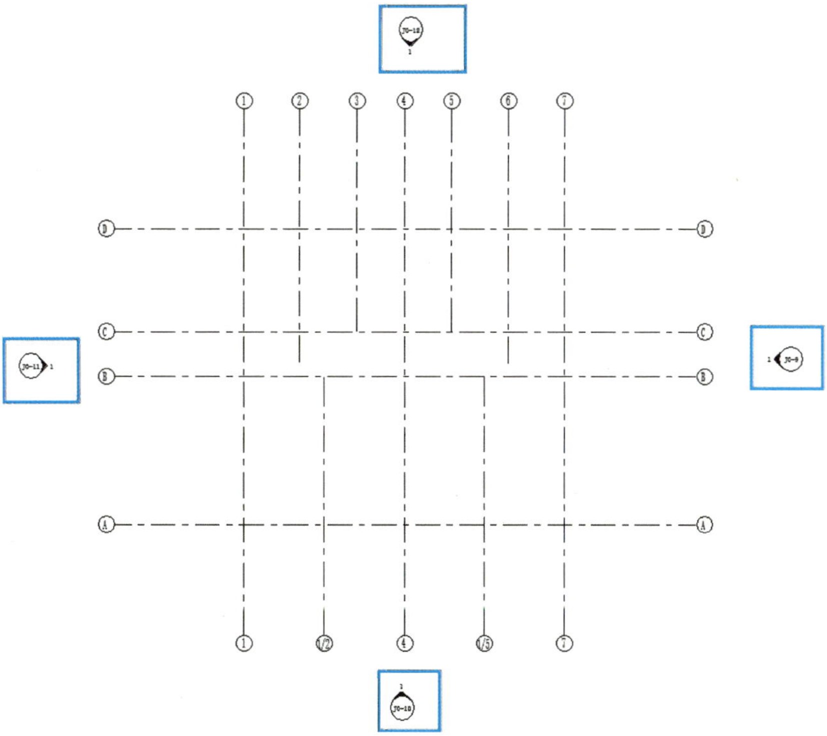

图 2-22　轴网的调整

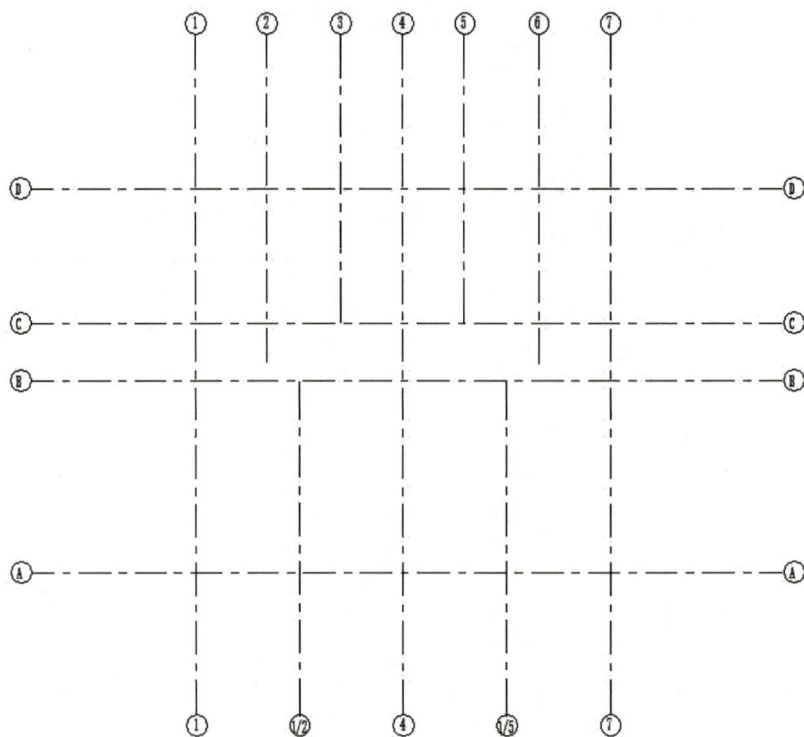

图 2-23 创建好的轴网

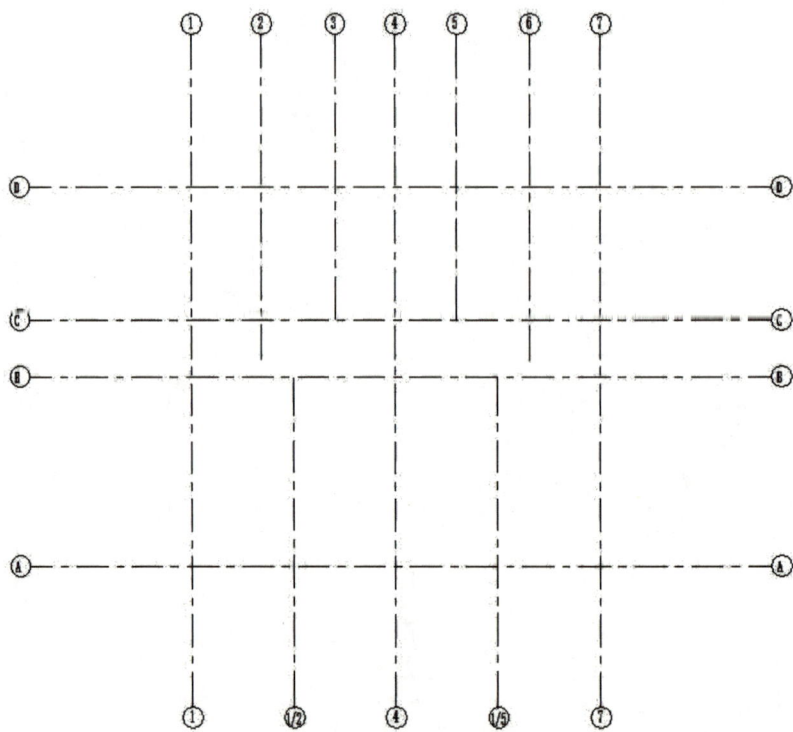

图 2-24 全选所有轴网

建筑信息模型（BIM）建模案例教程

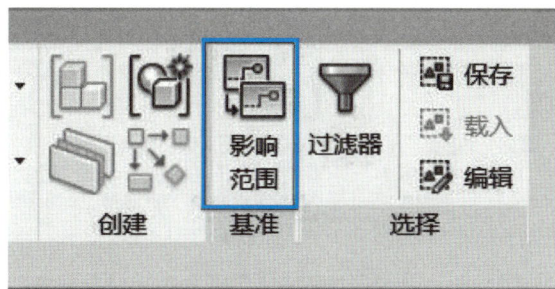

图 2-25　点击影响范围

图 2-26　选择全部楼层平面

任务 3　创建墙体

建立墙体的基础是要确定墙体的组成并按照要求将其创建出来。

在【建筑】选项卡【构建】面板中点击【墙】指令（图 2-27）。

然后系统自动切换到【修改 / 放置墙】选项卡中（图 2-28）。

点击属性面板中的【编辑类型】进入基于墙的组成选择与属性设置（图 2-29）。

图 2-27　墙的指令

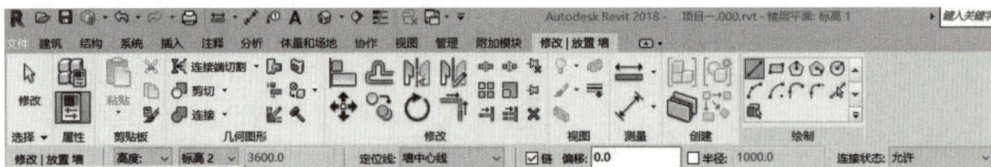

图 2-28　【修改 / 放置墙】的选项卡

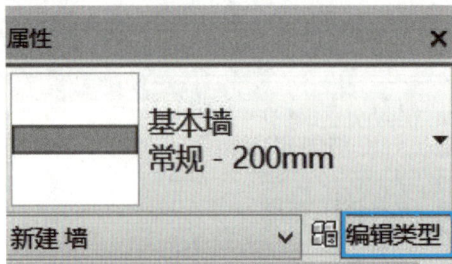

图 2-29　墙的类型编辑

复制墙体，并且重命名。这样做的好处是保留了系统自带的墙类型，在之后的建模中可以继续使用系统自带的墙类型进行新墙体的生成（图 2-30）。

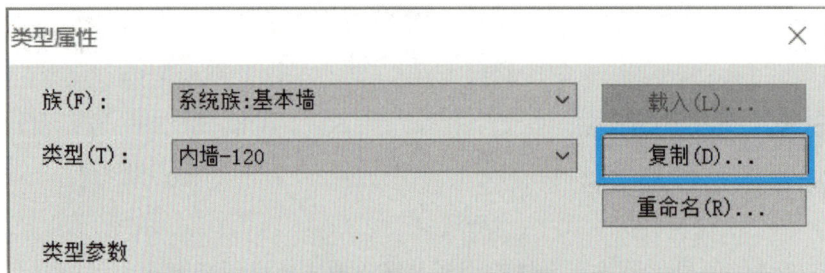

图 2-30　复制出一个新的墙体

将墙体命名为"外墙 -240"（图 2-31）。

复制好墙体之后点击构造栏中的【结构 - 编辑】进入墙体的编辑模式（图 2-32）。

　　　　　　　　　　　　　建筑信息模型（BIM）建模案例教程

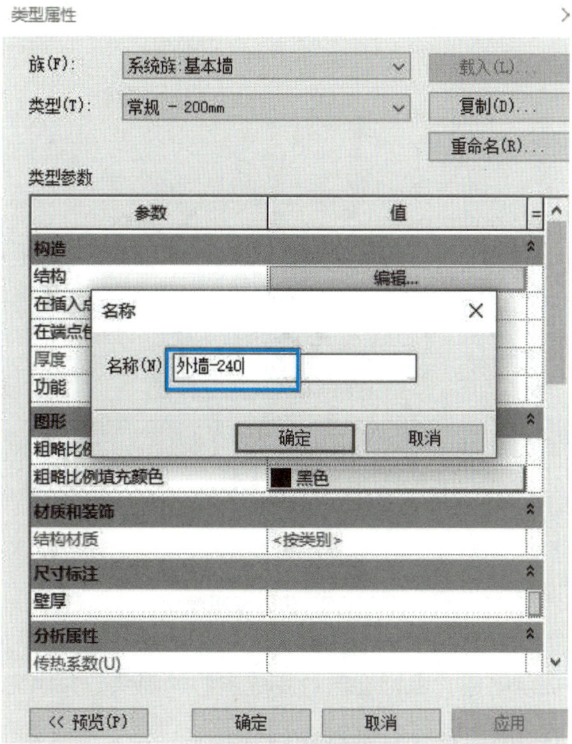

图 2-31 新墙体命名

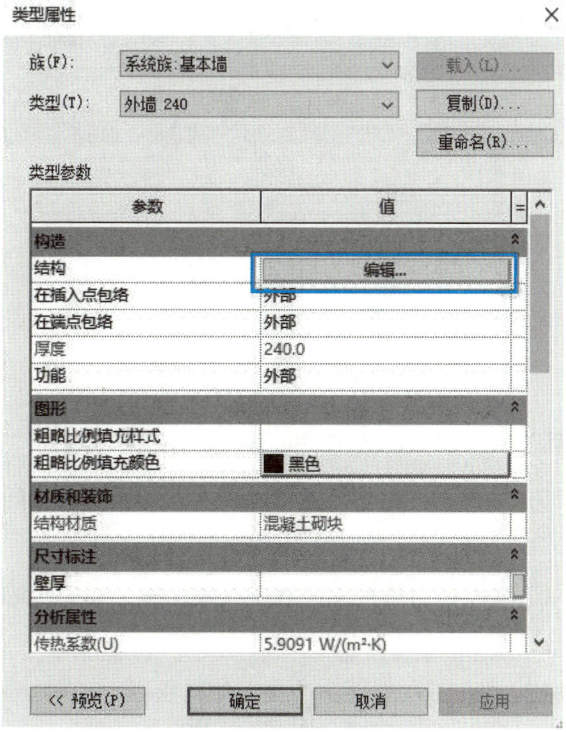

图 2-32 墙体的结构编辑

进入编辑部件模式（图2-33）。

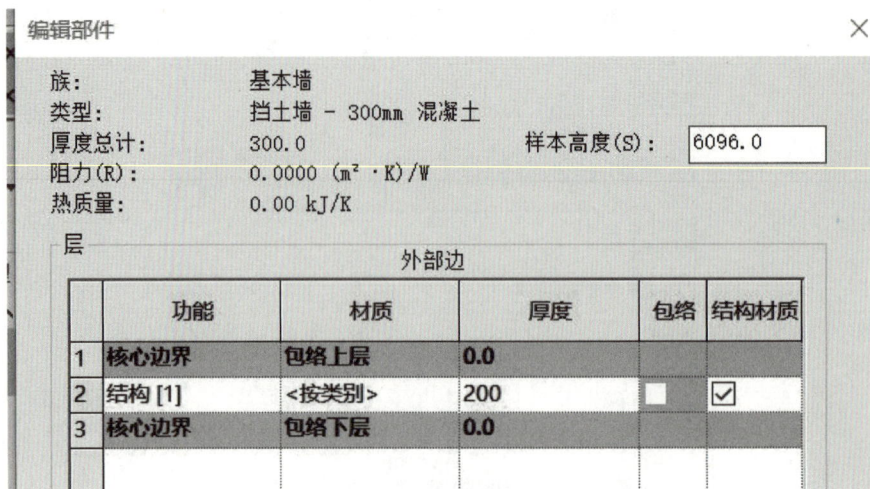

图2-33　进入编辑模式

将鼠标移动到数字附近，鼠标会自动变成实心的箭头，并点击鼠标左键。点击下方的插入指令，生成新的结构层（图2-34）。

图2-34　插入新的结构层

按照图纸中墙体结构的要求插入相应的面层层数。

当面层被选中时，会呈现内部填充为黑色。可用【向上】【向下】的指令来调节位置（图2-35）。

点击功能选项的【结构[1]】修改面层基于墙的功能。选择功能为【面层1[4]】（图2-36）。

之后修改【面层1[4]】的材质与厚度，点击【按类别】后方的隐藏键（图2-37）。

单击后将弹出如图2-38所示窗口，搜索需要的材料，如混凝土砌块、白色涂料

　　·　　·　　建筑信息模型（BIM）建模案例教程

和仿砖涂料等材料。其【墙体】厚度为【240】。

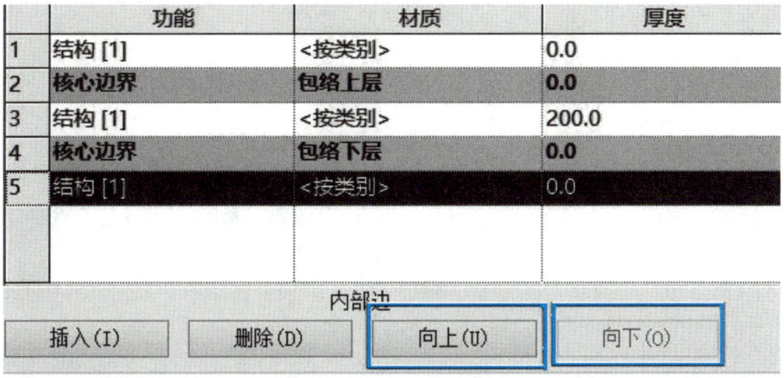

	功能	材质	厚度
1	结构 [1]	<按类别>	0.0
2	核心边界	包络上层	0.0
3	结构 [1]	<按类别>	200.0
4	核心边界	包络下层	0.0
5	结构 [1]	<按类别>	0.0

内部边

插入(I)	删除(D)	向上(U)	向下(O)

图2-35 向上调节结构层

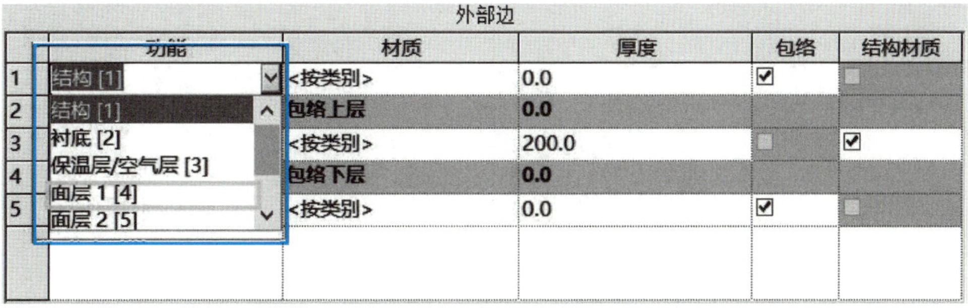

外部边

	功能	材质	厚度	包络	结构材质
1	结构 [1]	<按类别>	0.0	☑	
2	结构 [1]	包络上层	0.0		
3	衬底 [2]	<按类别>	200.0	☐	☑
4	保温层/空气层 [3]	包络下层	0.0		
5	面层 1 [4]	<按类别>	0.0	☑	
	面层 2 [5]				

图2-36 选择结构层的功能

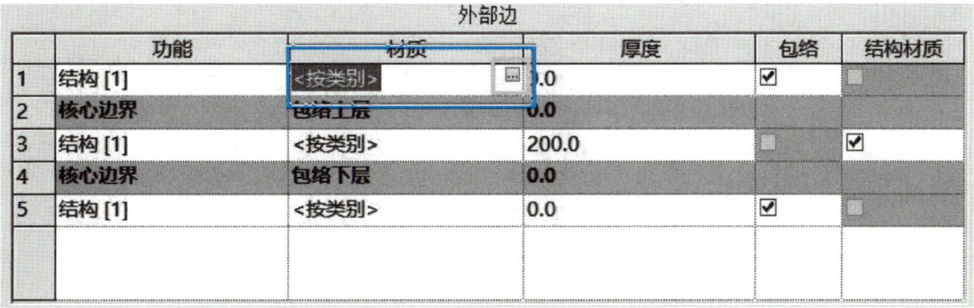

外部边

	功能	材质	厚度	包络	结构材质
1	结构 [1]	<按类别>	0.0	☑	
2	核心边界	包络上层	0.0		
3	结构 [1]	<按类别>	200.0	☐	☑
4	核心边界	包络下层	0.0		
5	结构 [1]	<按类别>	0.0	☑	

图2-37 修改面层的材质和厚度

单击该材料的厚度区域，修改为所需要的厚度，单击确定，外墙体编辑完成（图2-39）。

相同方法创建内墙，【墙体】厚度为【200】（图2-40）。

创建完成后修改其墙体高度底部约束为首层，顶部约束为二层（图2-41）。

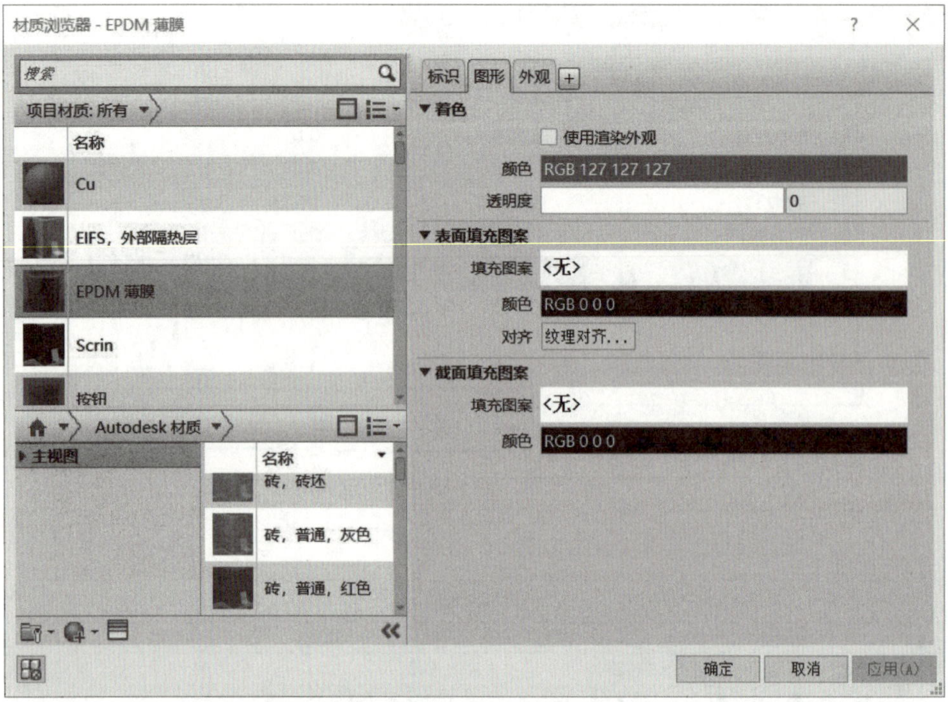

图 2-38　编辑所需添加的材料

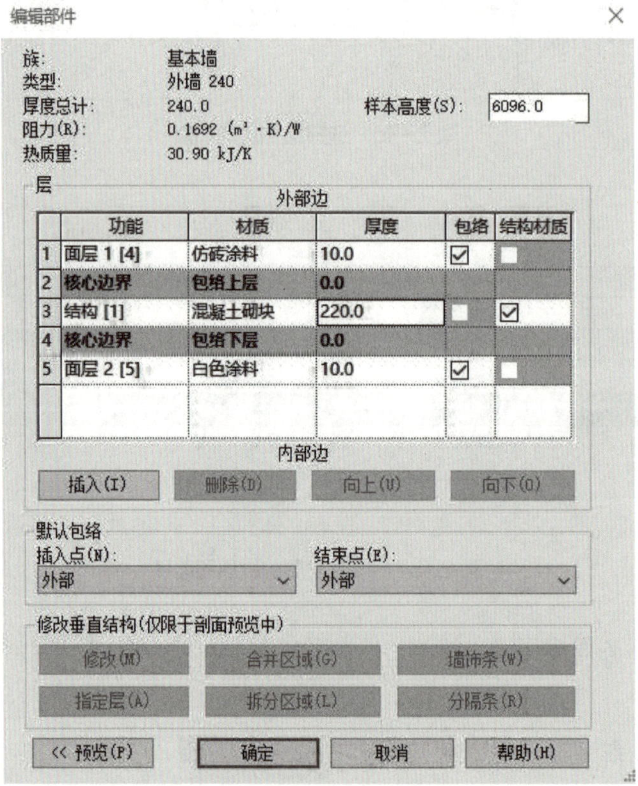

图 2-39　完成外墙体编辑

　　　·　　　　·　　　　建筑信息模型（BIM）建模案例教程

图 2-40 完成内墙体编辑

图 2-41 修改外墙体高度

按照图纸要求在首层的轴网上绘制一层的墙体，单击【建筑】→【墙体】（选择建筑墙体）→点击下拉菜单中选择创建好的外墙→选择【核心面：内部】，顺时针开始绘制（图 2-42）。

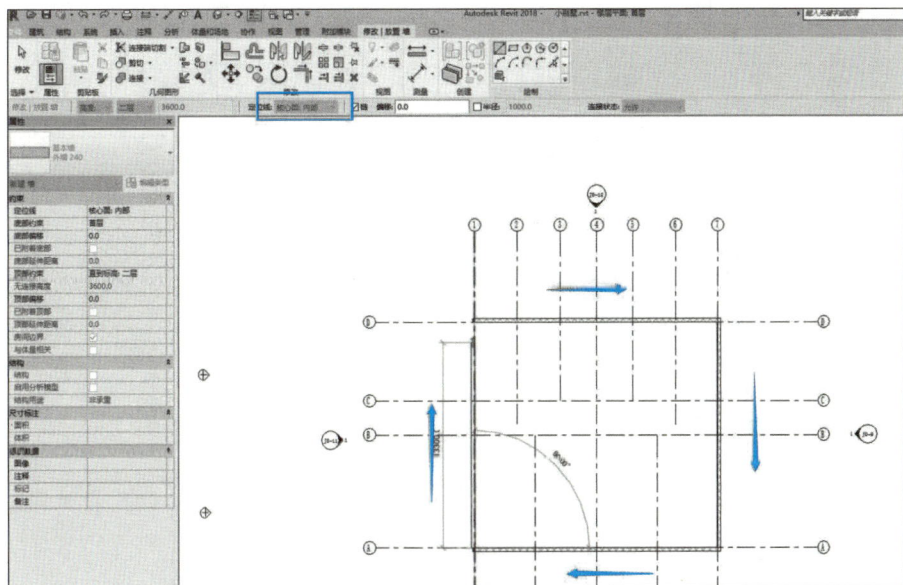

图 2-42 绘制外墙

创建内墙时定位线选择【墙中间线】，绘制一层墙体（图2-43）。

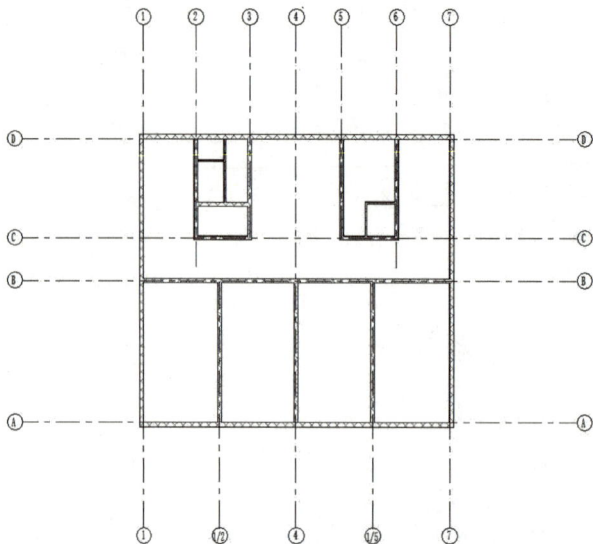

图2-43　墙体绘制完成

同理在二层处绘制【外墙】和【内墙】，修改其墙体高度底部约束为二层，顶部约束为屋面（图2-44）。

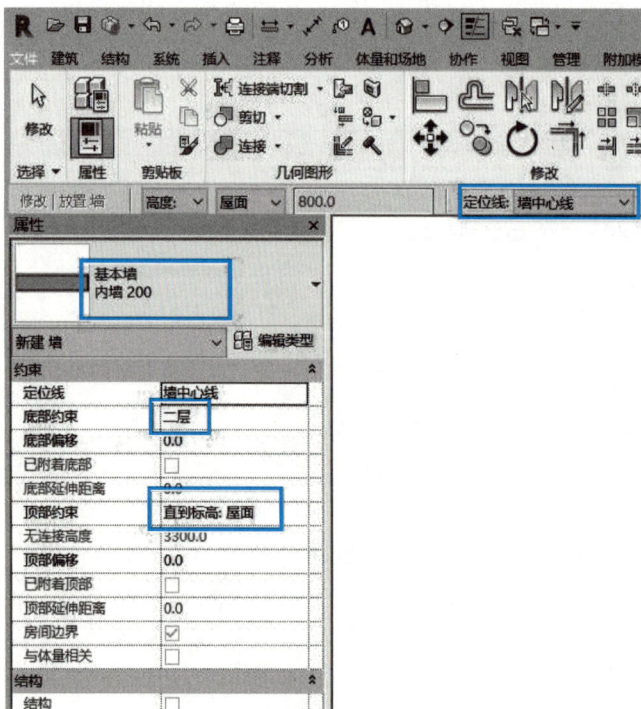

图2-44　修改内墙高度

　　　·　　　·　　　建筑信息模型（BIM）建模案例教程

按照图纸的要求在二层的轴网上绘制二层的墙体，单击【建筑】→【墙体】（选择建筑墙体）→点击下拉键选择创建好的墙体→开始绘制。绘制完成的墙体如图2-45所示。

图 2-45　二层墙体绘制完成

点击快速访问栏中的【三维视图】指令，查看当前模型（图2-46）。

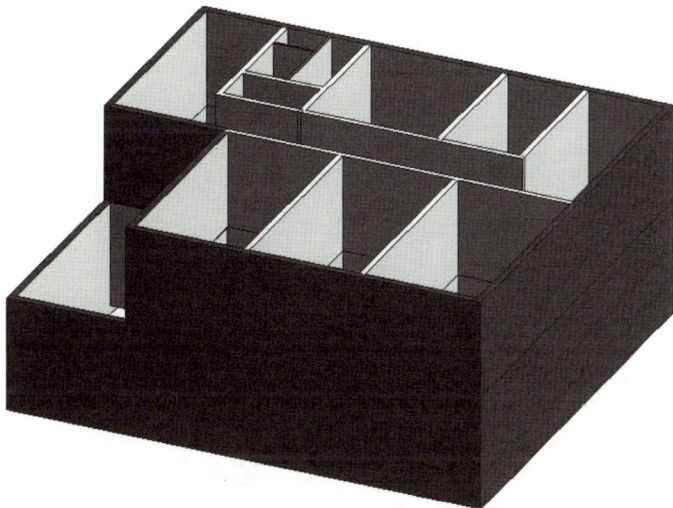

图 2-46　墙体三维模式

任务 4　创建窗

点击建筑选项卡中构建面板中【窗】指令。点击完成后如图 2-47 所示。

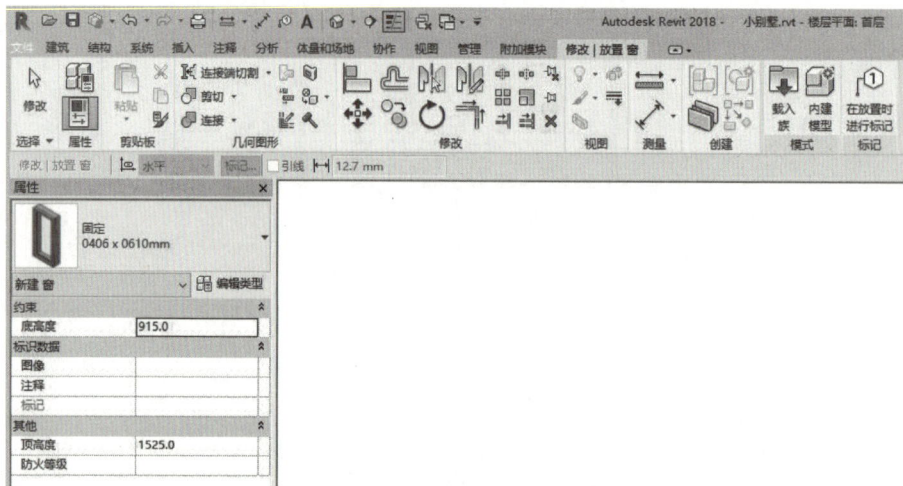

图 2-47　窗的创建

点击属性面板中的【编辑类型】，点击【载入】（图 2-48）。

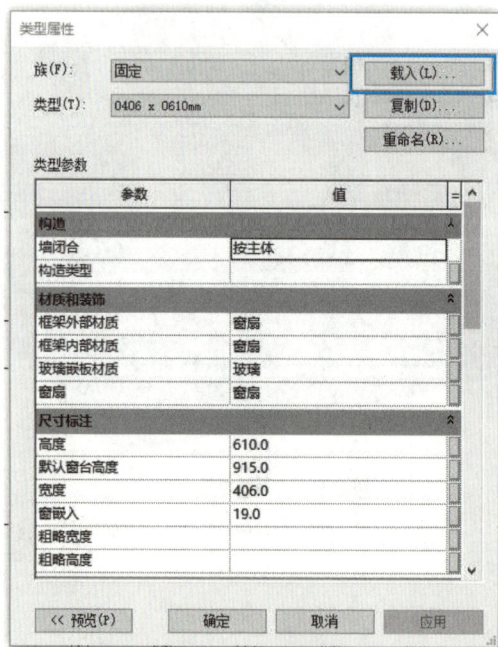

图 2-48　载入窗

建筑信息模型（BIM）建模案例教程

依次选择【建筑】→【窗】→【普通窗】→【组合窗】，点击【组合窗‑双层单列（固定＋推拉）】，打开（图2‑49）。

图 2-49　选择窗的类型

点击属性面板中的编辑类型，复制创建窗 C1（图 2-50）。

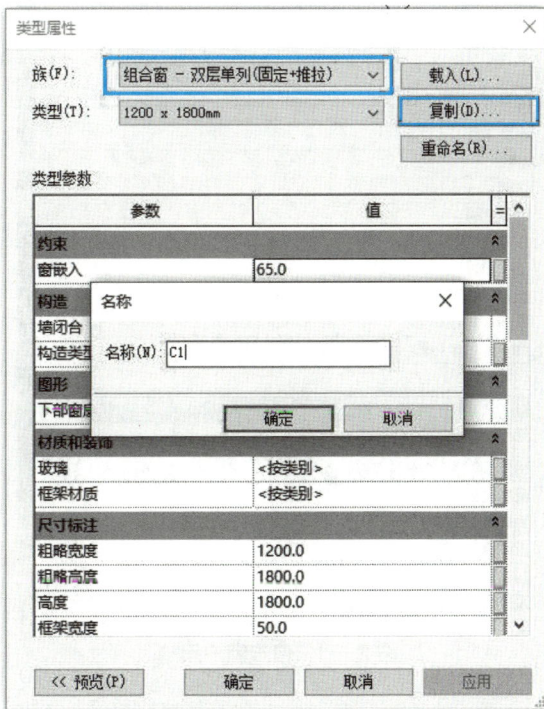

图 2-50　复制出一个新的窗

修改宽度为1600，高度为1800，默认窗台高为900。修改完成后点击确定（图2-51）。

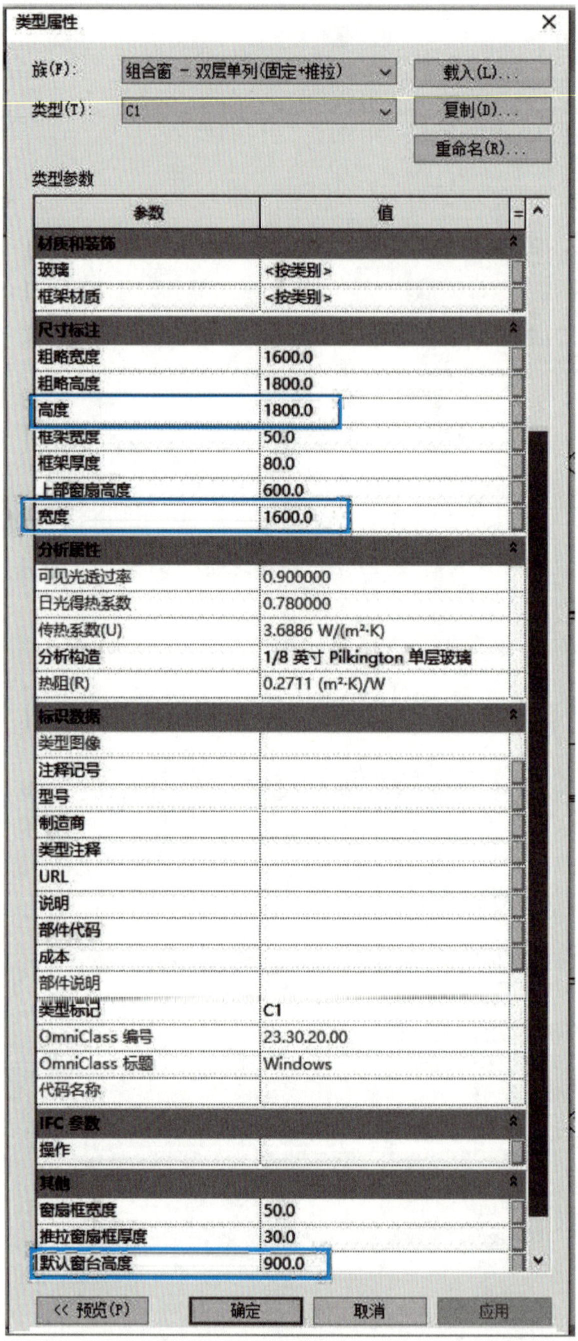

图 2-51　修改窗户尺寸

同上步骤创建窗 C2，C3（图 2-52）。

　　·　　·　　建筑信息模型（BIM）建模案例教程

图 2-52　依次创建其他窗户

创建完成后开始放置窗，放置之前点击【标记】选项卡中的【在放置时进行标记】（图 2-53）。

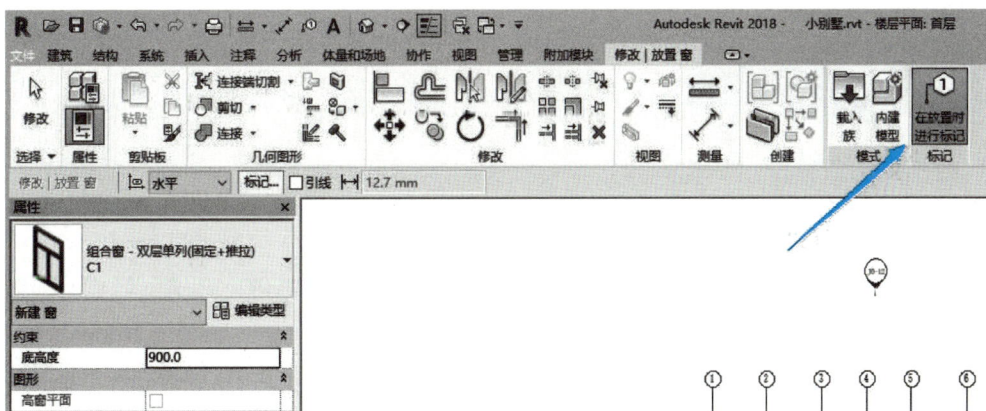

图 2-53　放置窗户时选择标记

创建好窗类型之后开始放置窗。放置方式同"任务5"中"门的放置方式"。一层平面放置如图 2-54 所示。同理，依据图纸建立二层窗户。

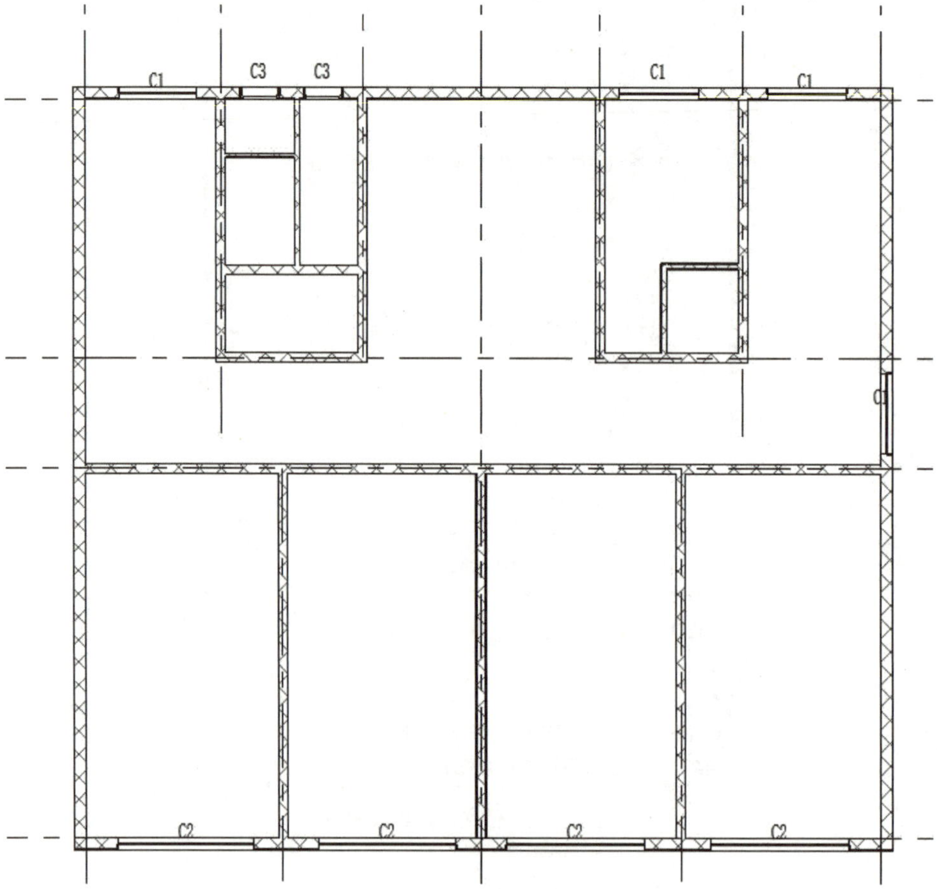

图 2-54 放置窗户

任务 5 创建门

Revit 中为用户准备了一些门的类型，可以载入到项目中，或者通过族自行建立。这里选用已有的门类型载入到项目中建立门 M1、M2、M3。建立方式见前文窗的创建方式（图 2-55）。

成功创建 M1 后开始放置。按照图纸所示门的位置，单击门所在墙的位置（图 2-56）。

建筑信息模型（BIM）建模案例教程

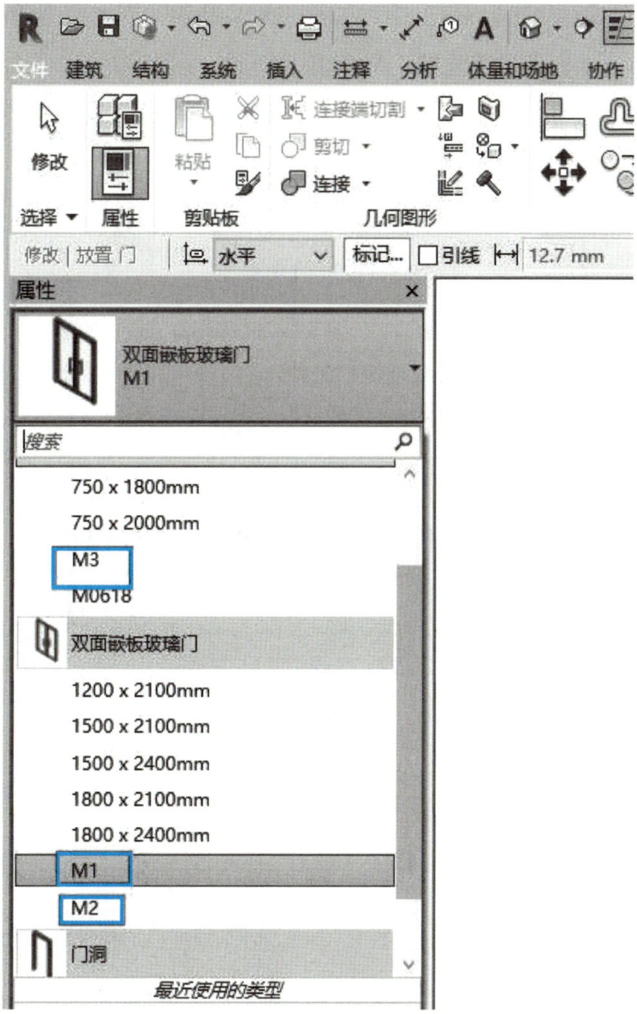

图 2-55 创建门

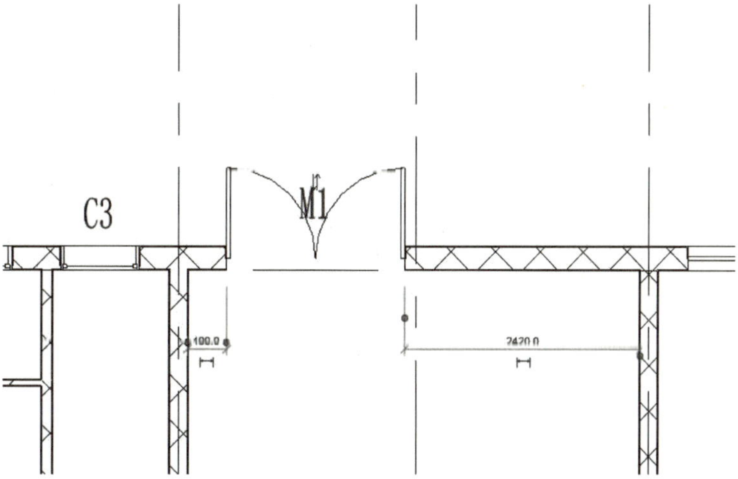

图 2-56 单击放置门

调整墙和门的距离方向，点击相对放置的两组箭头，或者点击门后，按空格键可控制门的朝向。数字显示的是当前门与墙面的距离，双击数字可修改距离。点住蓝色尺寸球拖动可调整尺寸标注的位置。点击尺寸标注的图标，临时尺寸标注可改为永久尺寸标注（图 2-57）。

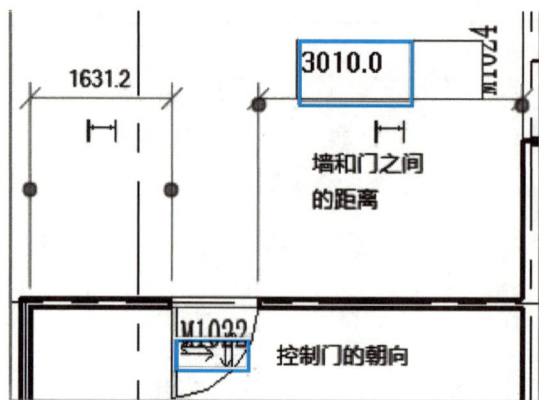

图 2-57　修改门的尺寸标注

一层平面绘制完成如图 2-58 所示。同理，依据图纸建立二层门。

图 2-58　一层平面绘制完成

　建筑信息模型（BIM）建模案例教程

任务6 创建楼板

点击建筑选项卡中构建面板里的楼板指令（图2-59）。

图2-59 选择楼板指令

进入到创建楼板的界面中（图2-60）。

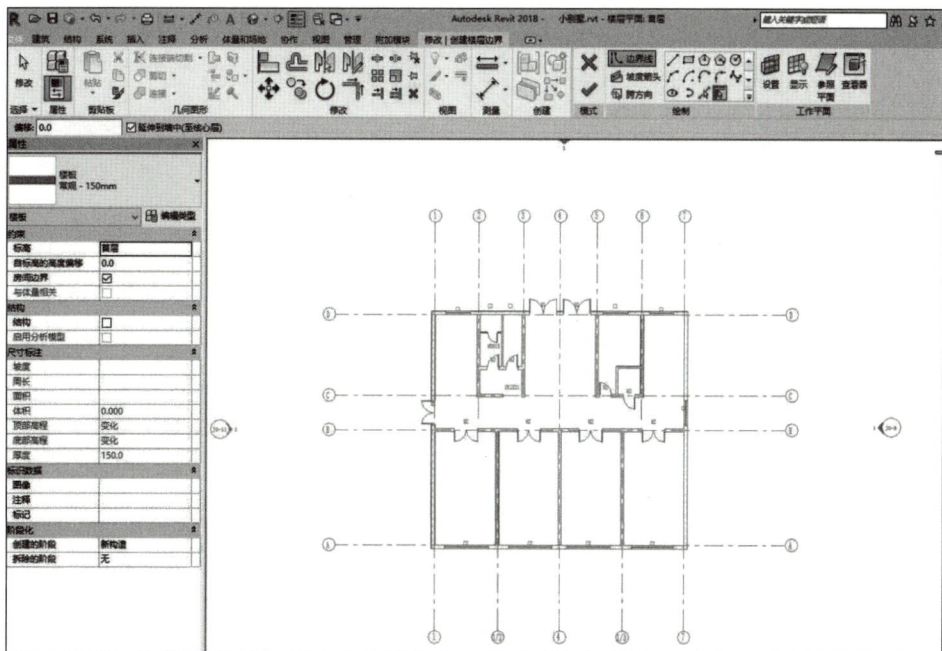

图2-60 进入楼板编辑模式

点击属性面板中的编辑类型,复制当前的楼板,并重命名为"楼板150"（图2-61）。楼板结构编辑类型如图2-62所示。

点击确定完成楼板构造的修改。楼板为首层楼板。标高偏移为0.0,在属性面板中可改变楼板的标高（图2-63）。

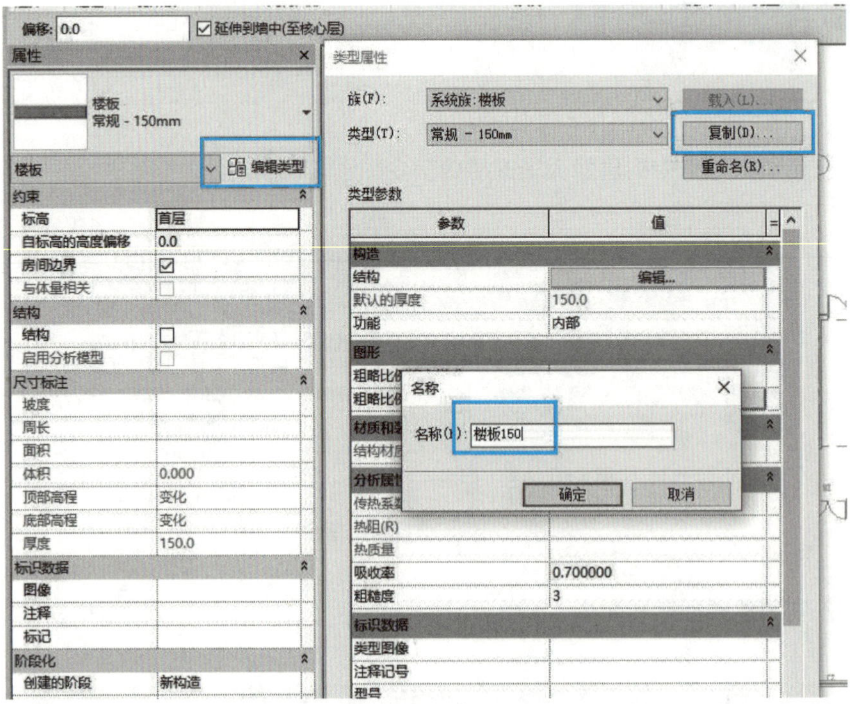

图 2-61 编辑类型并复制新的楼板

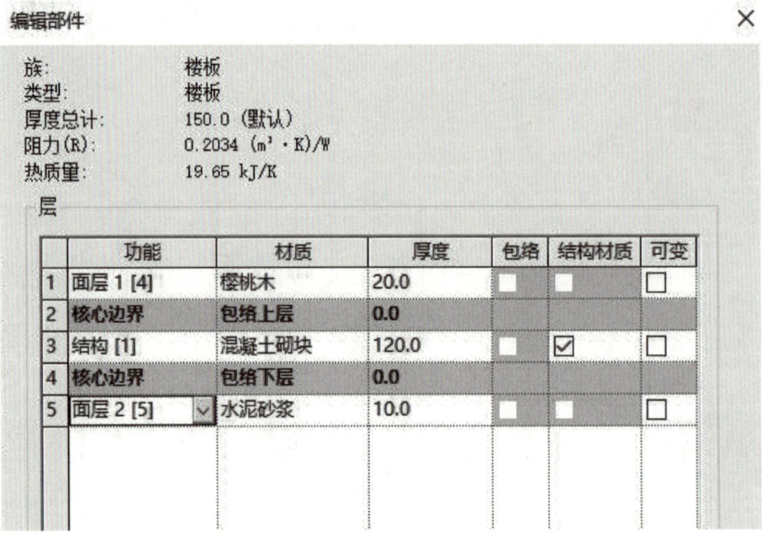

图 2-62 编辑楼板部件信息

　　进入到一个楼板编辑的界面，在退出或完成之前将无法选中和修改任意图元或构件。点击绘制面板中的边界线并选中【拾取墙】，开始进行楼板的创建（图 2-64）。

　　注：在边界线中有很多种创建楼板边界线的指令，可以选择【拾取墙】选中墙体内侧进行创建，也可选择【直线】沿着外墙内侧作图。选择外墙内侧并点击生成楼板

建筑信息模型（BIM）建模案例教程

边缘（图2-65）。

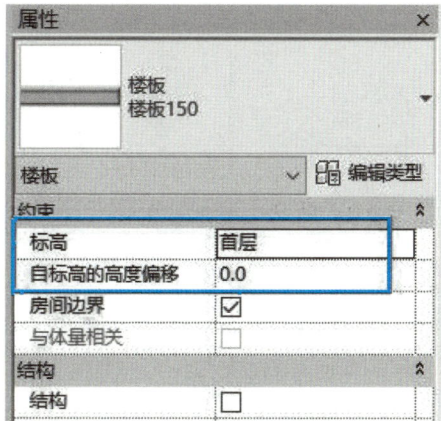

图 2-63　楼板高度偏移

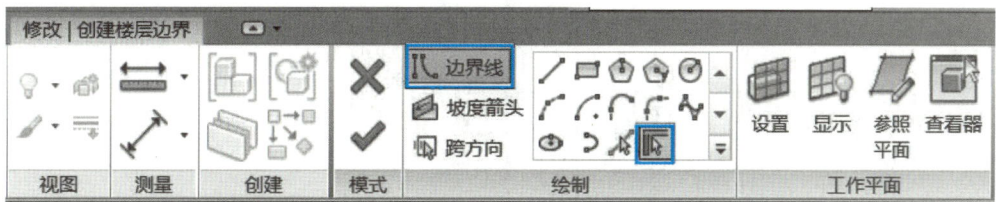

图 2-64　开始楼板的创建

图 2-65　点击生成楼板

可以控制边界线在外墙内侧或外侧，如图 2-66 中框起的箭头。此处选择在外墙内侧绘制楼板。

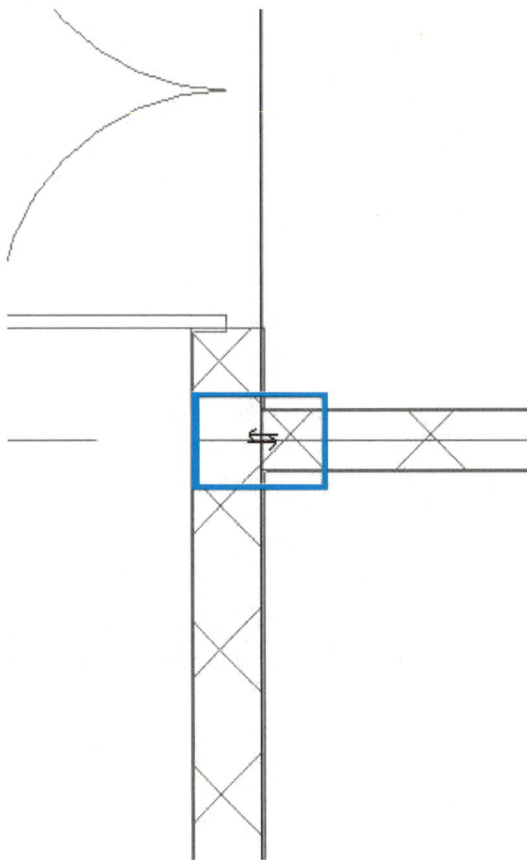

图 2-66　选择不同绘制方式

点击模式面板中的【√】，即创建楼板，如图 2-67 所示。

图 2-67　点击完成楼板创建成功

同理，绘制二层楼板。

在平面楼层中观察楼板不明显，进入三维视图查看创建的楼板（图 2-68）。

建筑信息模型（BIM）建模案例教程

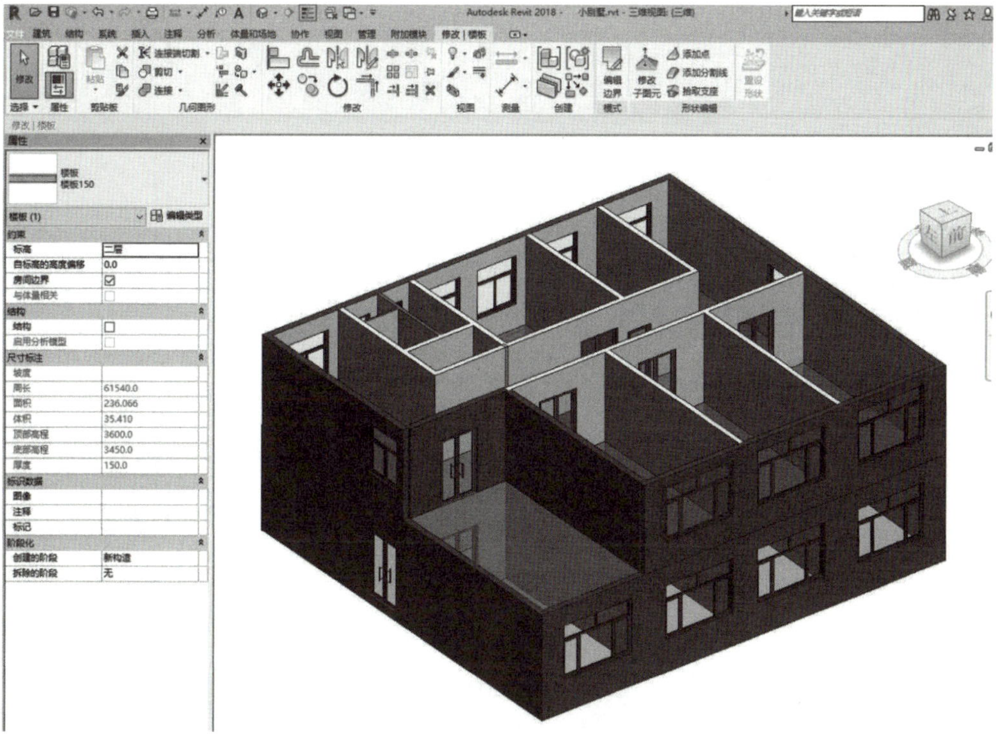

图 2-68　三维模式

任务 7　房间进行命名

进入【建筑】选项卡里单击【房间分隔】（图 2-69）。

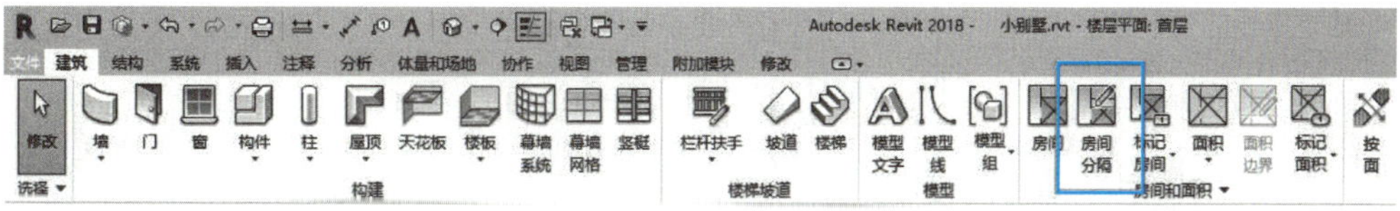

图 2-69　选择房间分隔

将未连接位置用建筑选项卡中房间【分隔】命令进行连接（图 2-70）。

点击建筑选项卡中【房间】命令（图 2-71）。

在首层中放置房间（图 2-72）。

编辑房间名称（图 2-73）。

同理创建二层的房间。

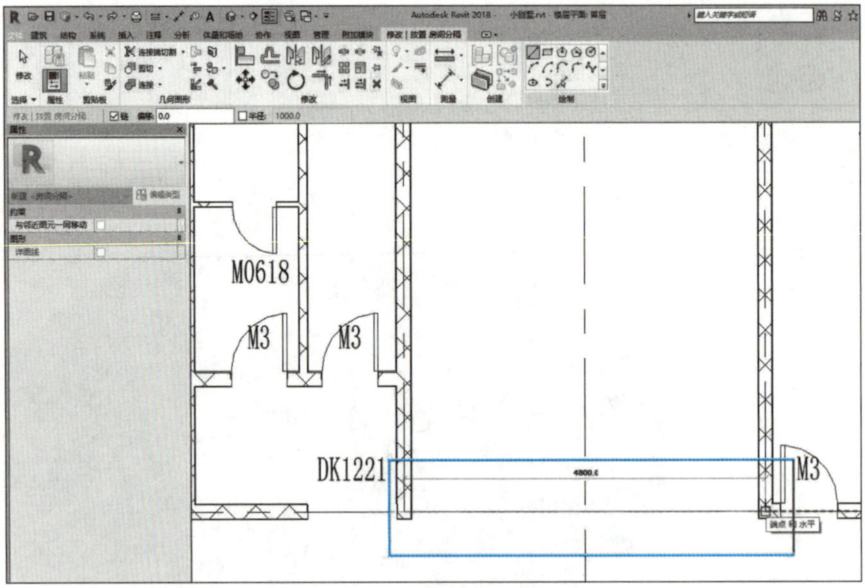

图 2-70　用分隔命令连接

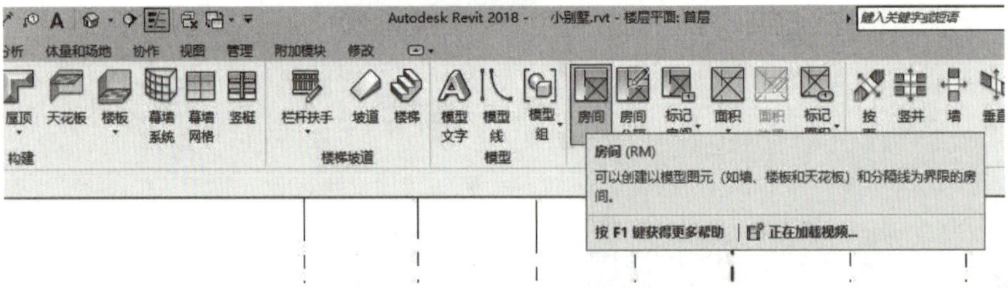

图 2-71　选择房间命令

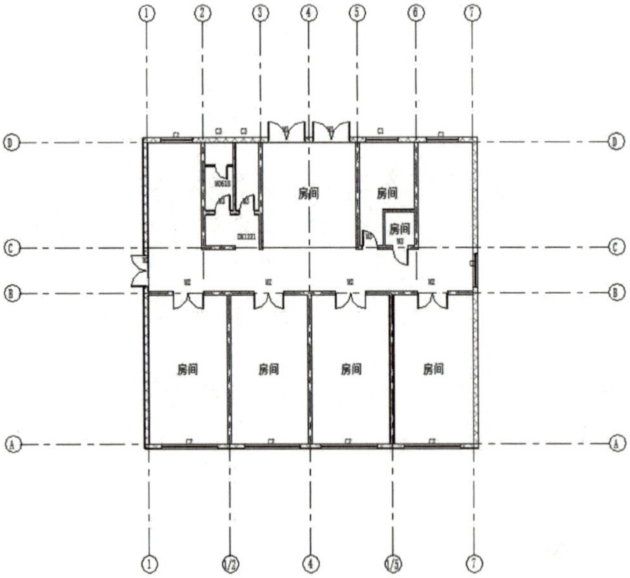

图 2-72　首层放置房间

　　·　　　　·　　　建筑信息模型（BIM）建模案例教程

图 2-73 编辑房间名称

任务 8 创建屋顶

在【建筑】选项卡【构建】面板中点击【屋顶】并选择迹线屋顶（图 2-74）。

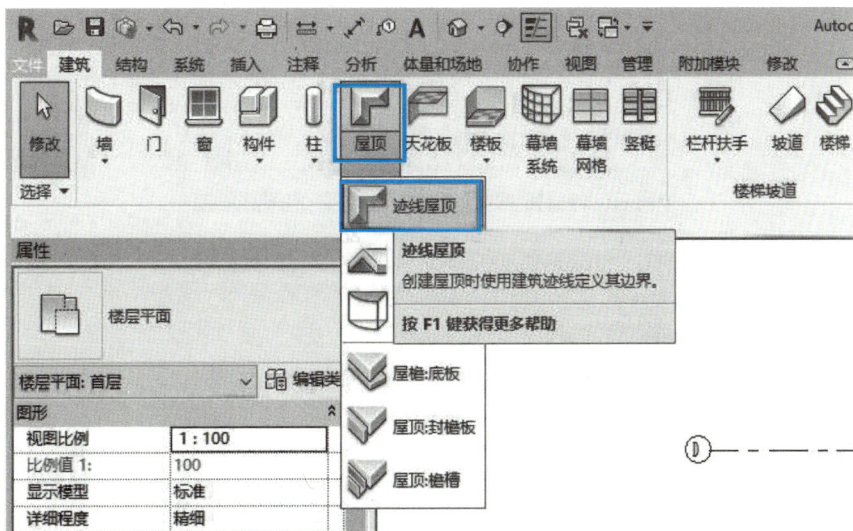

图 2-74 创建屋顶

点击屋顶属性中的【编辑类型】，点击类型属性中的复制，命名为屋顶（图2-75）。

图 2-75　复制屋顶并重新命名

点击【结构】选项卡中的【编辑】，修改屋顶的参数（图2-76）。

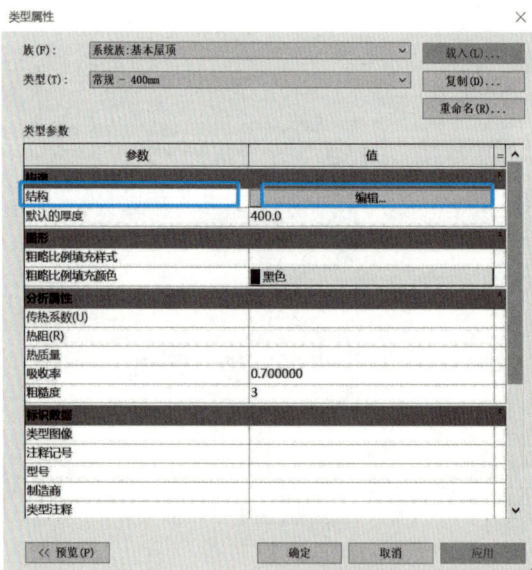

图 2-76　修改屋面的结构参数

　　·　　　　·　　　　建筑信息模型（BIM）建模案例教程

点击楼层平面中的【屋面】（图2-77）。

将【基线】中的【范围：底部标高】改为二层（图2-78）。

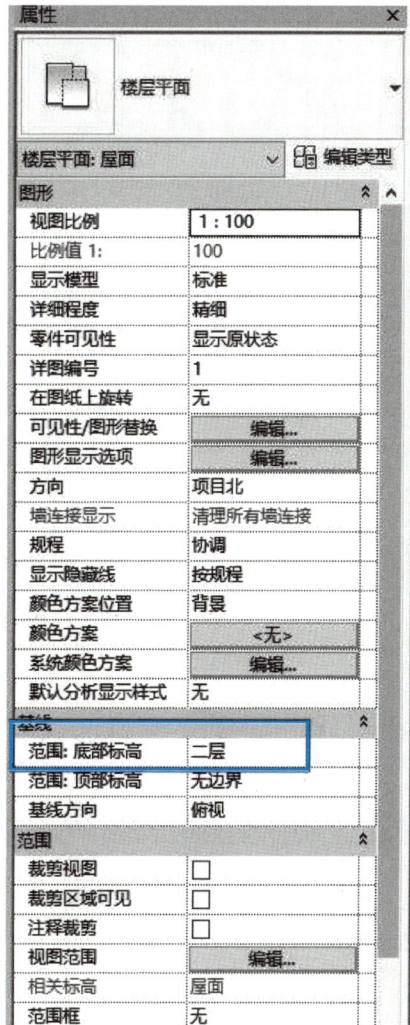

图 2-77　选择屋面

图 2-78　修改基线范围为二层

接下来开始绘制屋顶的边界线，选择直线或拾取墙命令（图2-79）。

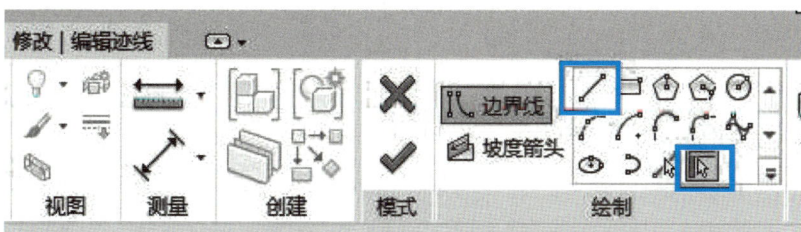

图 2-79　绘制屋顶的几种方式

绘制完成的屋顶轮廓（图 2-80）。

图 2-80　屋顶绘制完成

点选这两条边，取消定义屋顶坡度（图 2-81）。

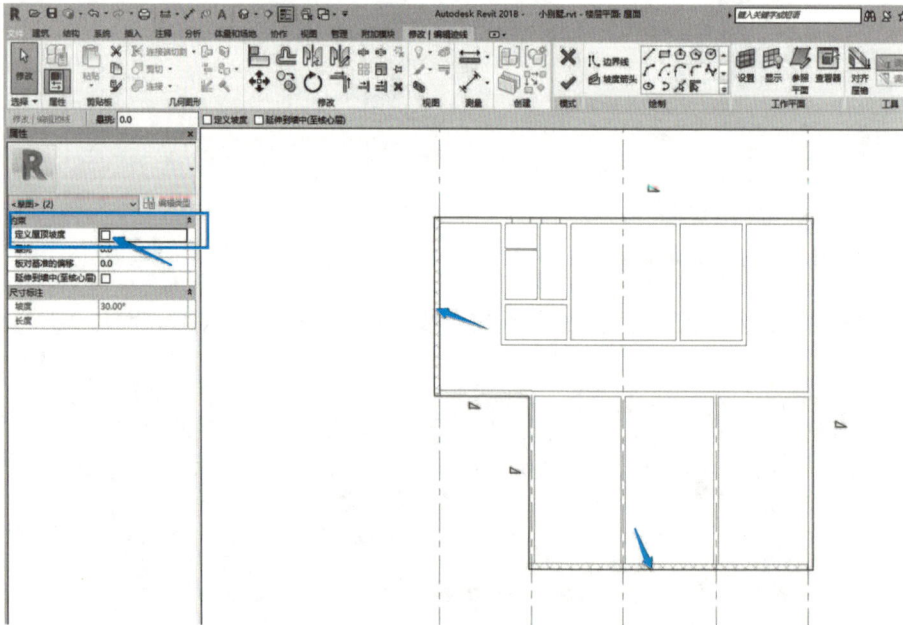

图 2-81　选择边线取消屋顶坡度

　·　　　　　·　　　　建筑信息模型（BIM）建模案例教程

绘制完成后点击【模式】中的绿色勾号完成屋顶的创建（图2-82）。

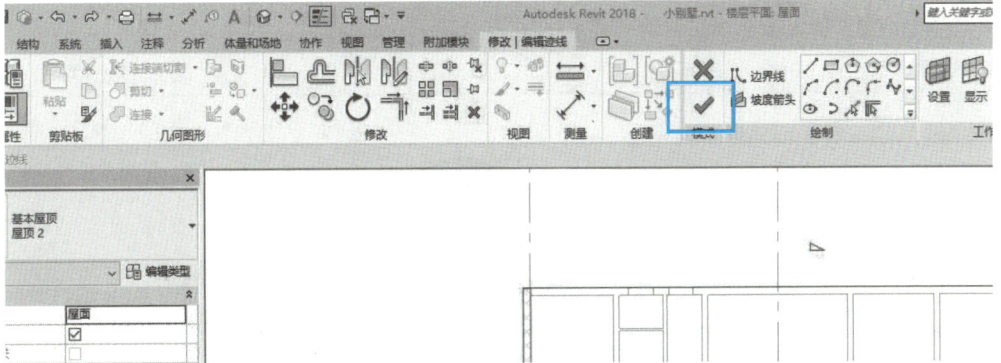

图2-82　点击绿色勾号完成屋顶创建

点击三维视图观察绘制完成的屋顶（图2-83），发现有两处墙体没有与屋顶对齐。

图2-83　屋顶三维模式

选择这两处墙体，先单击一个墙，之后按住Ctrl键点击另一个墙即可完成选择。之后单击【修改墙】选项卡中的【附着顶部/底部】命令（图2-84）。

点击屋顶，即可将墙体附着到屋顶上（图2-85）。

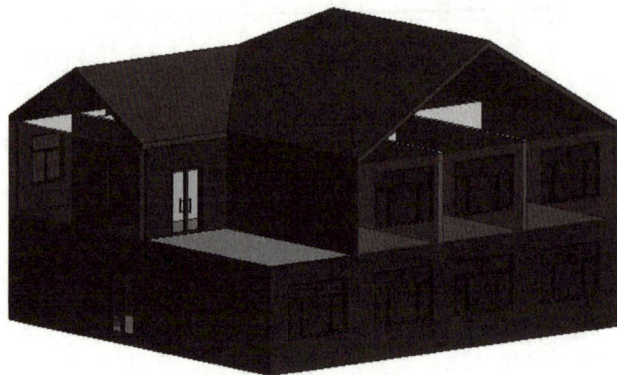

图 2-84　选择墙体附着命令

图 2-85　附着后的三维模式

任务 9　创建楼梯、洞口

在首层点击【建筑】选项卡中【楼梯坡道】面板中的【楼梯】（图 2-86）。

进入楼梯编辑模式。与楼板编辑相似的是，会进入楼梯编辑的界面。对于图中的其他图元与构件既不能选中也不能修改（图 2-87）。

　　·　　·　　　　　　建筑信息模型（BIM）建模案例教程

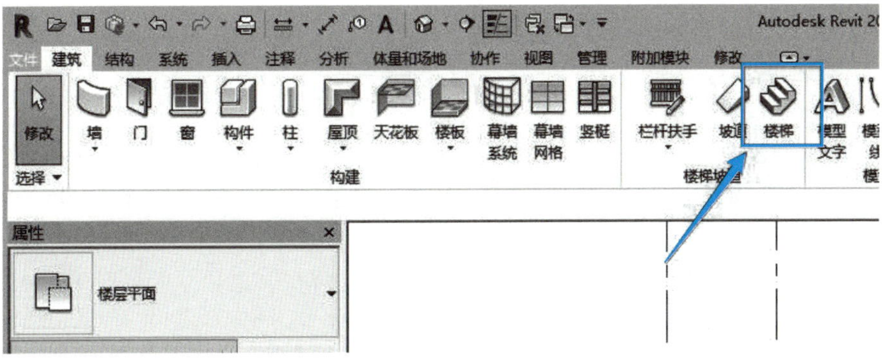

图 2-86　点击选择楼梯命令

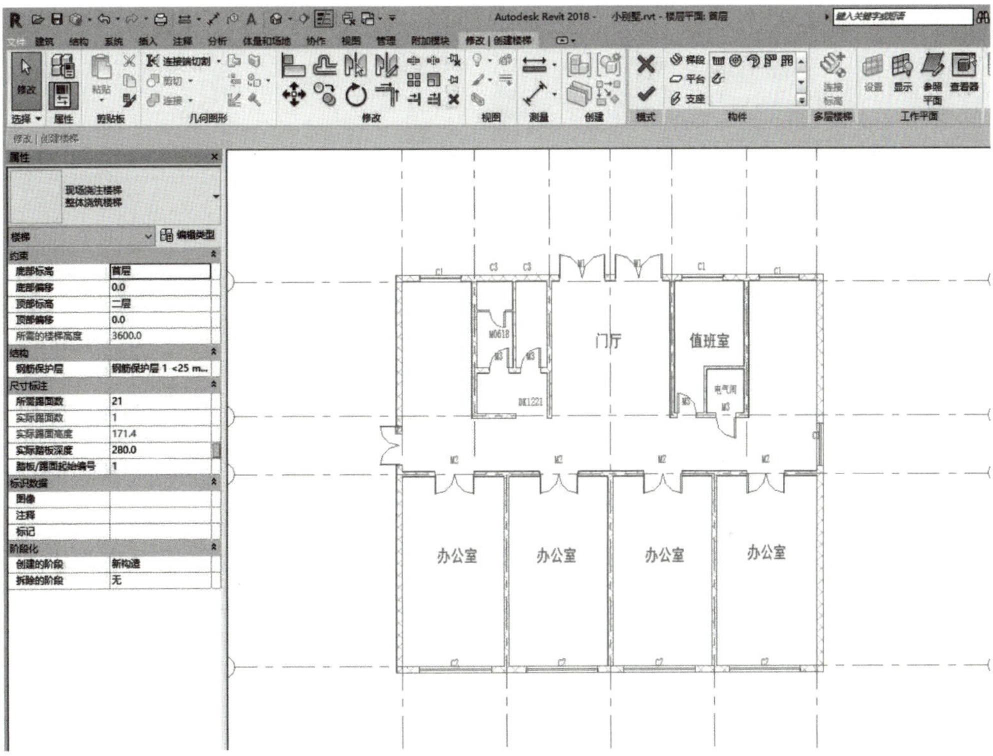

图 2-87　进入楼梯编辑模式

首先修改楼梯的属性，在属性面板中将楼梯的类型改为"整体浇筑楼梯"（图 2-88）。

点击属性面板中的编辑类型，修改最小踏板深度为 280mm，最大踢面高度为 180mm（图 2-89）。

在【工作平面】面板中选择【参照平面】，绘制楼梯的辅助线。参照平面对于项目的整体没有任何显示，只是参照的线（图 2-90）。

图 2-88 修改楼梯属性

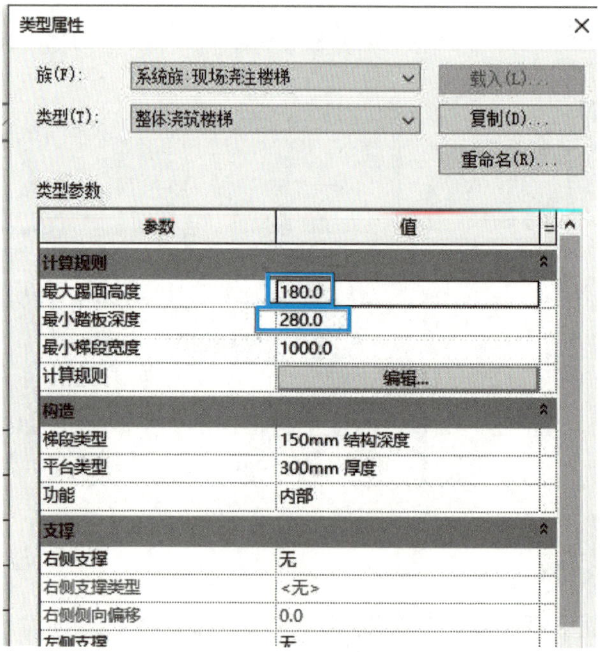

图 2-89 修改楼梯参数信息

　　·　　　　·　　　　　　　　　　　　　　建筑信息模型（BIM）建模案例教程

图 2-90　绘制参照平面

绘制两条参照平面作为辅助线，尺寸距离如图 2-91 所示。

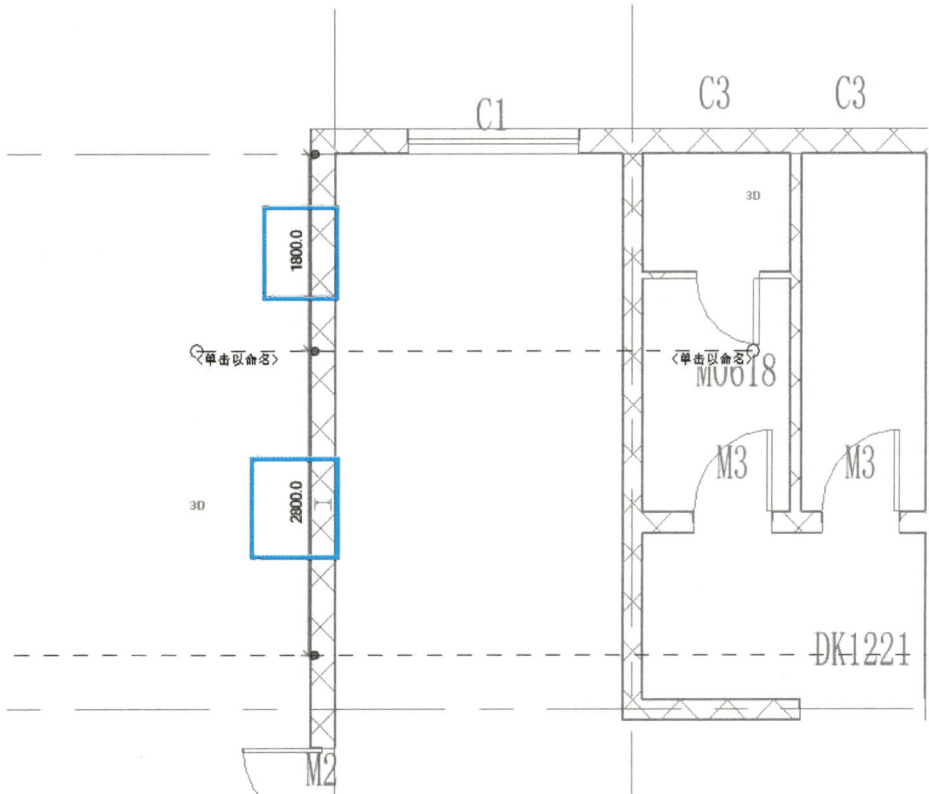

图 2-91　修改参照平面尺寸

选择【直行梯段】，定位线选择【梯段：左】，修改实际梯段宽度和属性栏中的尺寸标注（图 2-92）。

开始绘制楼梯，旁边会有灰色的字提醒已经画了几级台阶（图 2-93）。

创建 11 个台阶后，右边也同样创建 11 个台阶，并且楼梯的方向连续（图 2-94）。

将休息平台延伸到墙体边缘（图 2-95）。

绘制完的楼梯如图 2-96 所示。

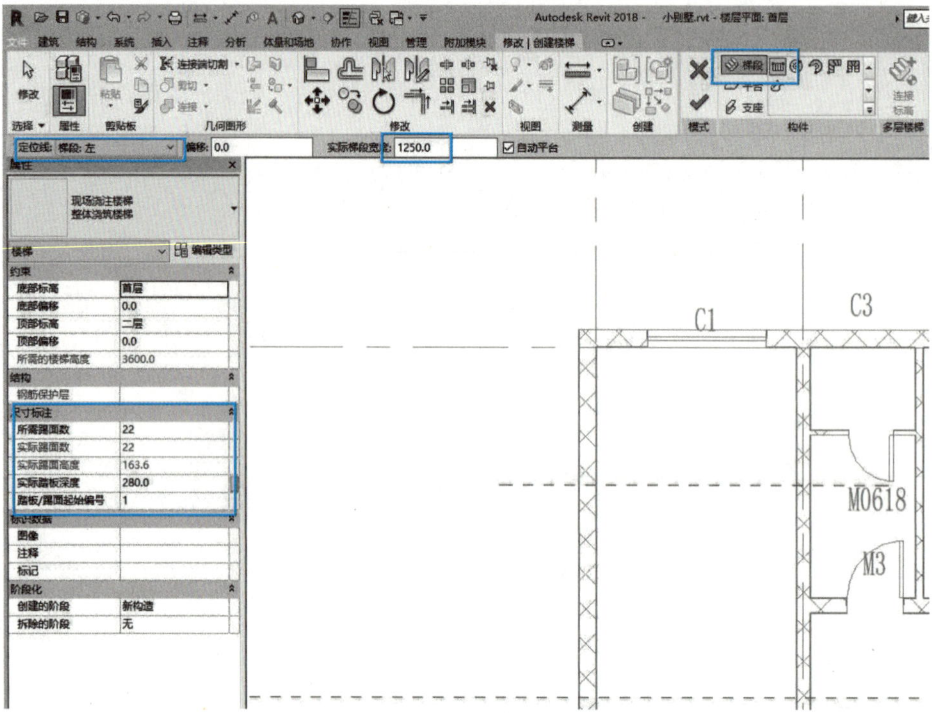

图 2-92 修改梯段宽度及尺寸标注

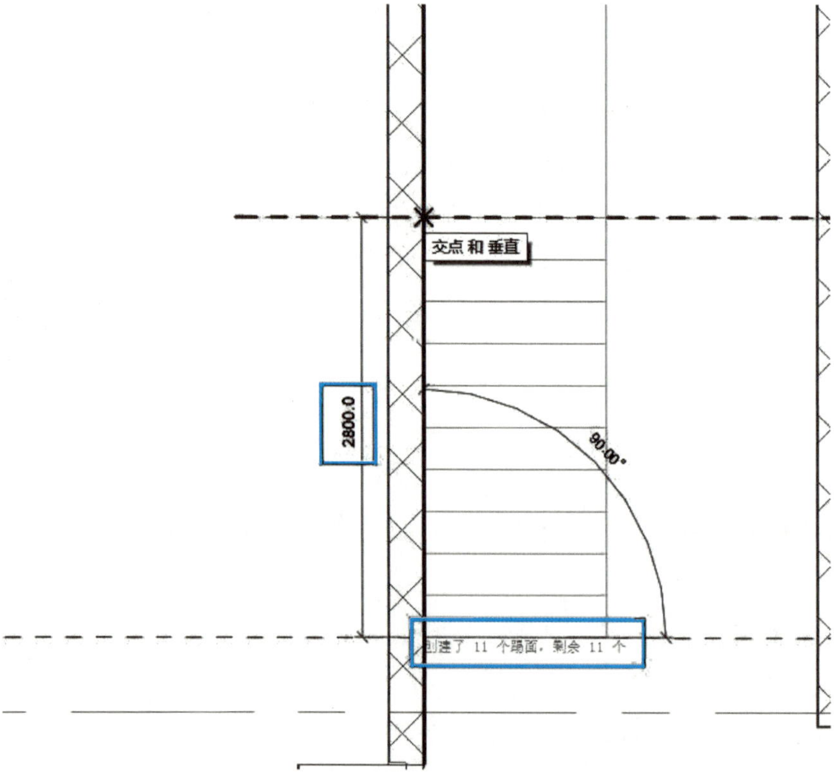

图 2-93 开始绘制楼梯

　　　　　　·　　　　·　　　　　　　建筑信息模型（BIM）建模案例教程

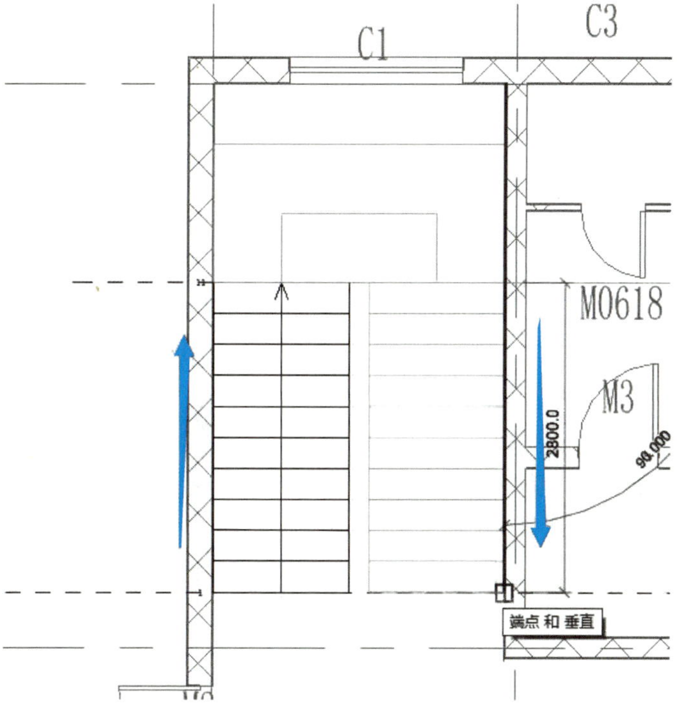

图 2-94　创建右侧楼梯

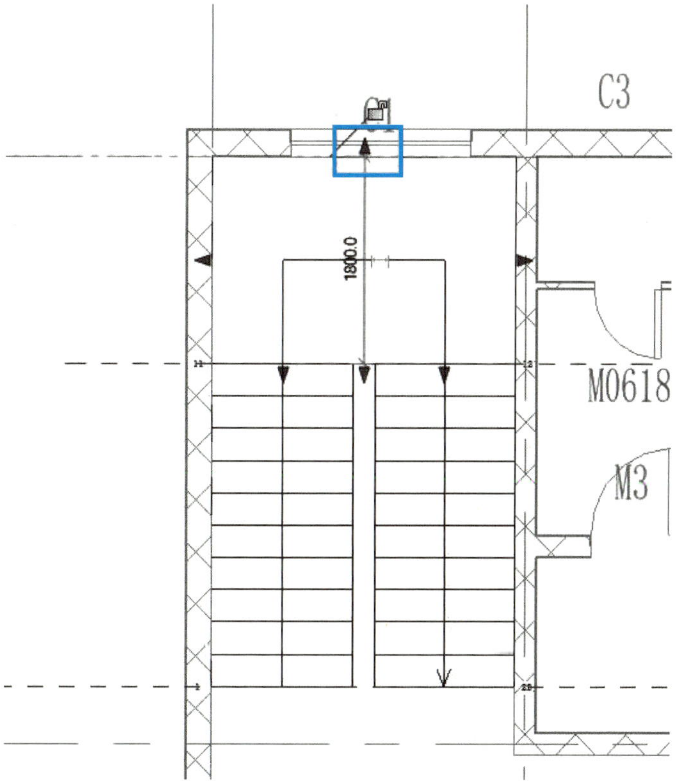

图 2-95　延伸休息平台至墙边

绘制完楼梯之后开始修改栏杆扶手。第一步删除靠墙一侧栏杆扶手（图 2-97 ）。

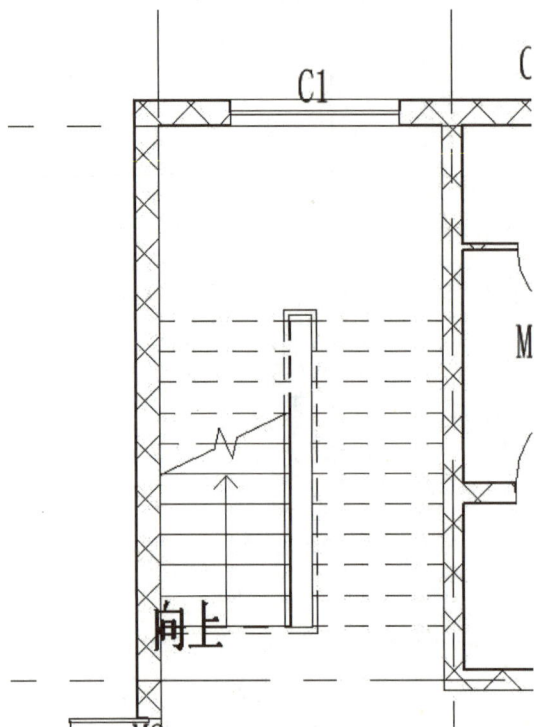

图 2-96　楼梯绘制完成

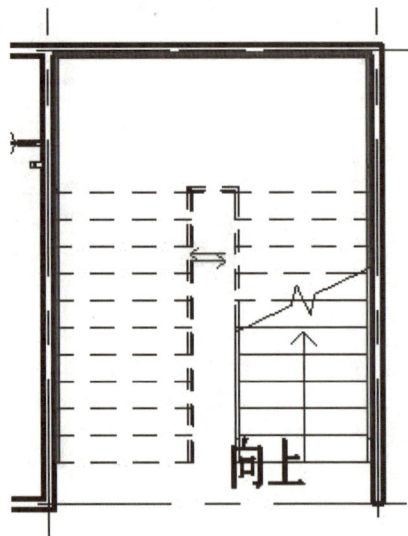

图 2-97　删除靠墙扶手

第二步更改栏杆扶手的距离和位置，增加底部栏杆长度 60，并连接到墙体（图 2-98 ）。

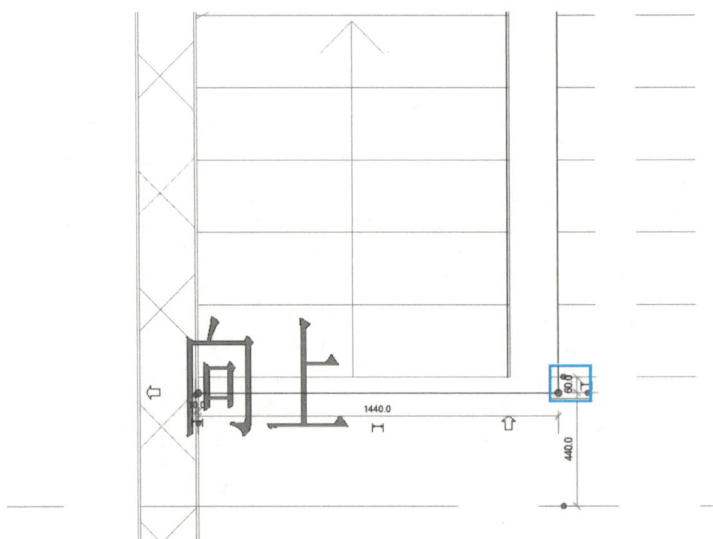

图 2-98　修改扶手并连接到墙体

· · 建筑信息模型（BIM）建模案例教程

点击建筑选项卡洞口面板的【竖井】指令开始创建洞口（图2-99）。

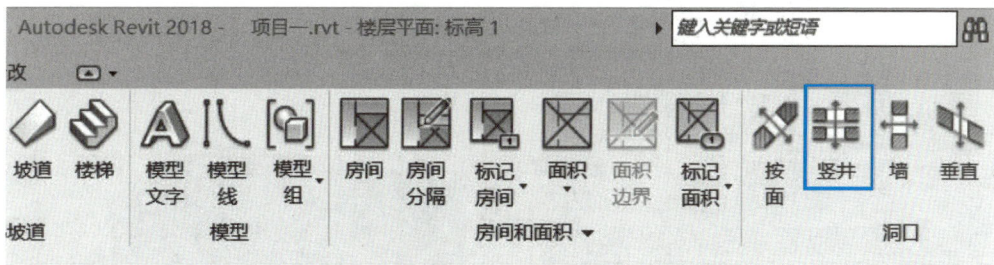

图2-99　选择竖井

进入创建竖井显示界面，点击绘制面板中边界线的【矩形】命令，沿楼梯的周围开始绘制矩形竖井边梁（图2-100）。

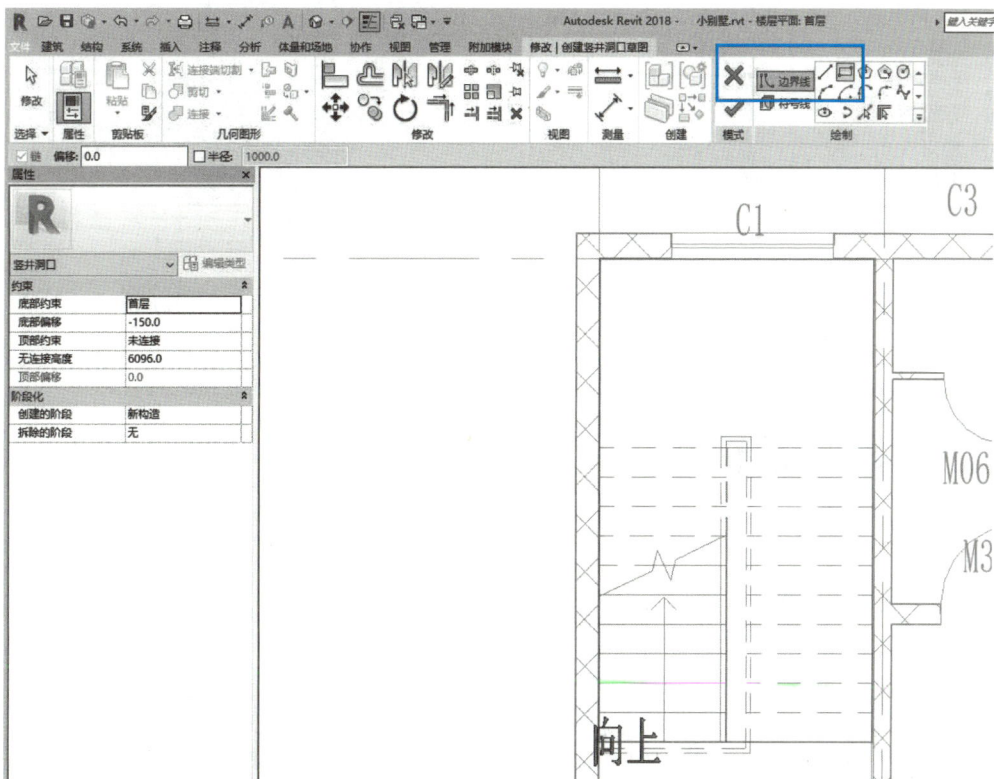

图2-100　绘制矩形竖井边梁

然后在修改属性面板中，修改竖井的限制条件，将底部偏移改为首层，将顶部约束改为二层（图2-101）。

点击模式面板中的【√】，洞口创建成功。在三维模式下查看，如图2-102所示。

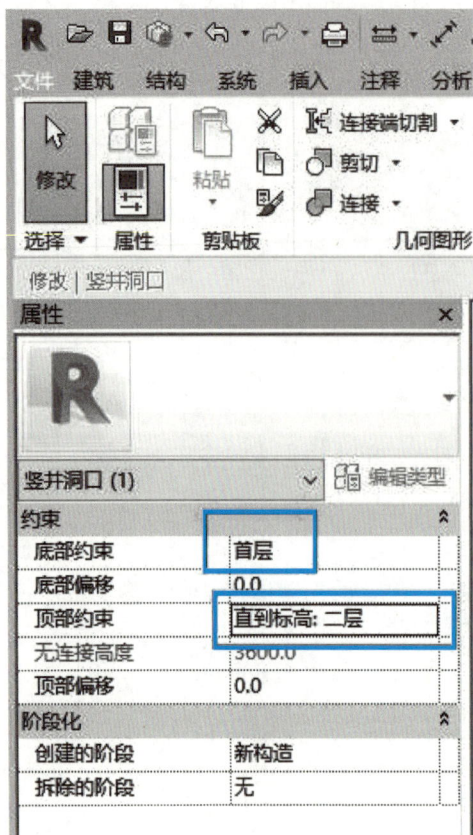

图 2-101　修改竖井属性

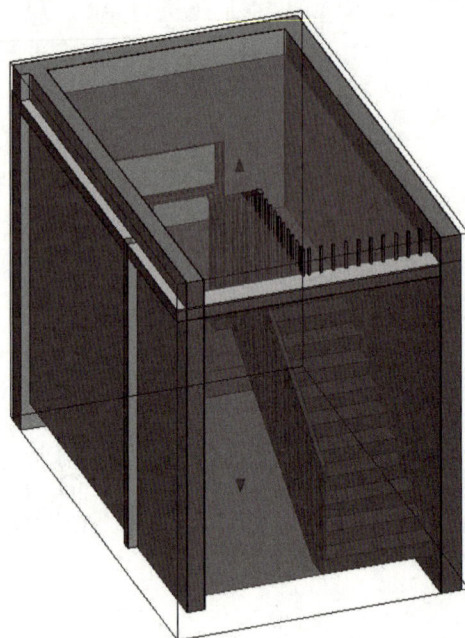

图 2-102　洞口创建

任务 10　创建台阶

首先我们在建筑选项卡中选择【楼板】命令（图 2-103）。

图 2-103　楼板命令

建筑信息模型（BIM）建模案例教程

点击【楼板】命令选择【楼板；建筑】进入编辑类型界面。复制楼板改名为台阶300（图2-104）。

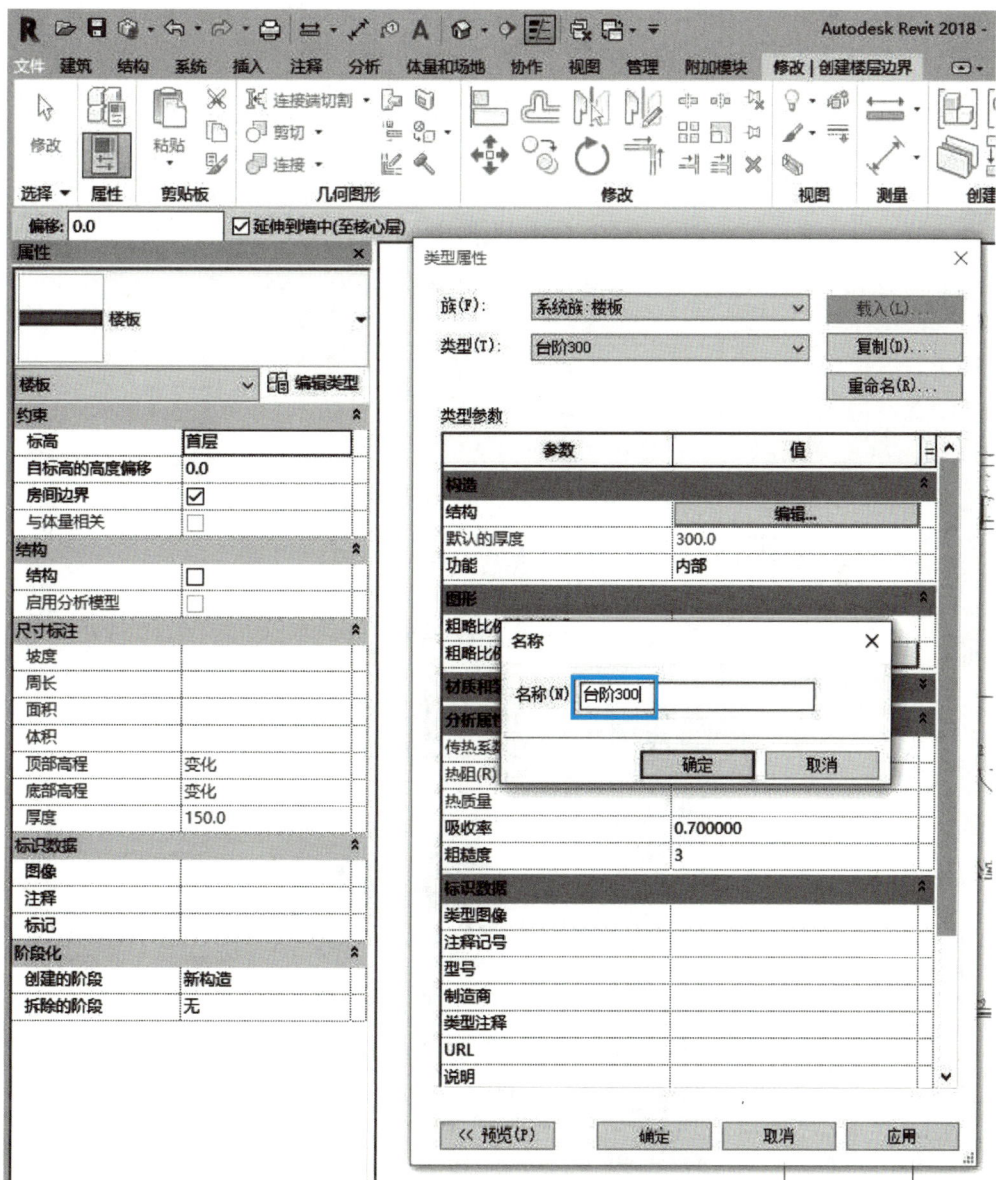

图2-104　创建台阶

单击边界线开始绘制台阶，台阶宽度1700mm、长度5200mm（图2-105）。

创建轮廓族

点击文件选择新建，点击新建族（图2-106）。

选择新建公制轮廓（图2-107）。

图 2-105 绘制台阶

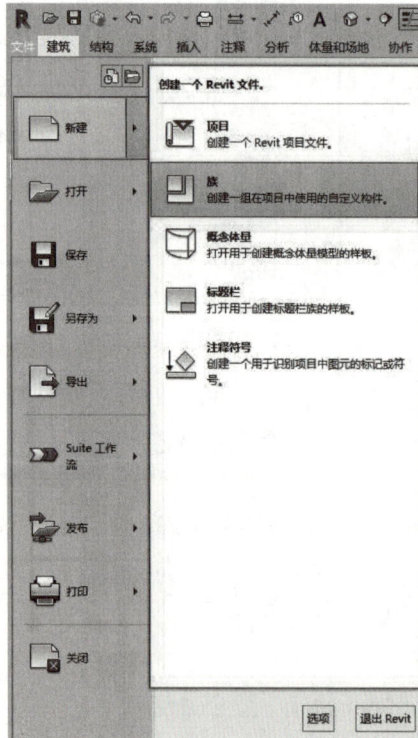

图 2-106 创建轮廓族

图 2-107　新建公制轮廓

使用【线】绘制公制轮廓（图 2-108）。

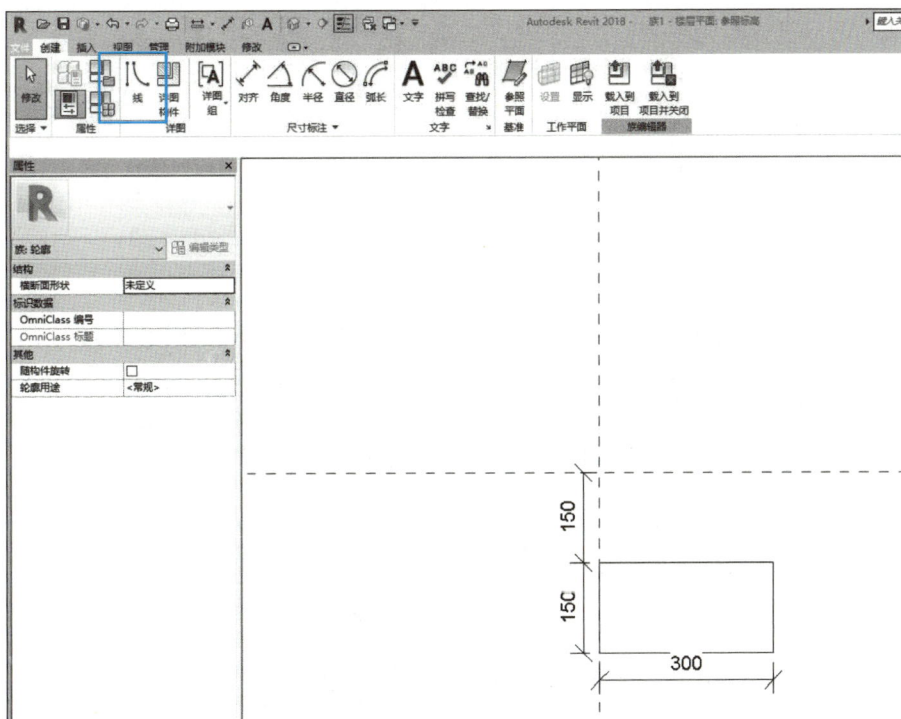

图 2-108　绘制公制轮廓

项目二　二层小别墅

绘制完成后点击另存为台阶轮廓（图2-109）。

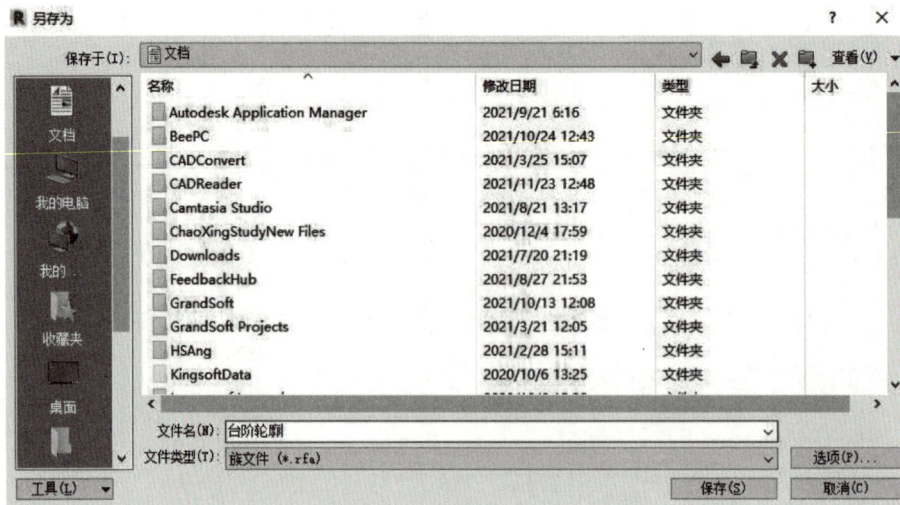

图2-109　保存台阶轮廓

点击【载入到项目并关闭】（图2-110）。

图2-110　载入项目并关闭

在三维视图中点击【楼板】命令，选择【楼板：楼板边】（图2-111）。

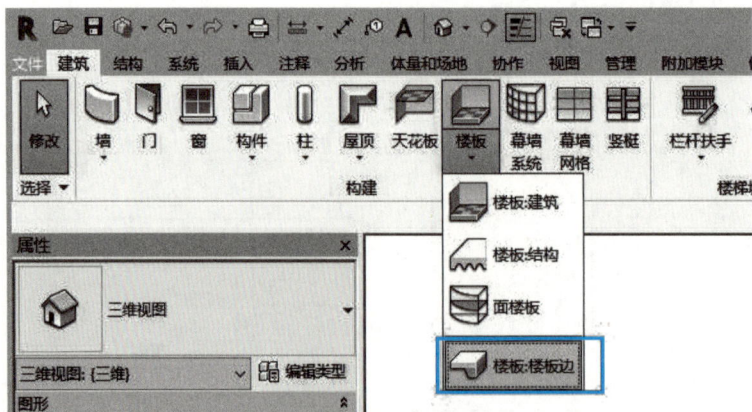

图2-111　绘制楼板

复制类型命名为台阶，在轮廓中选择创建完成的台阶轮廓（图2-112）。

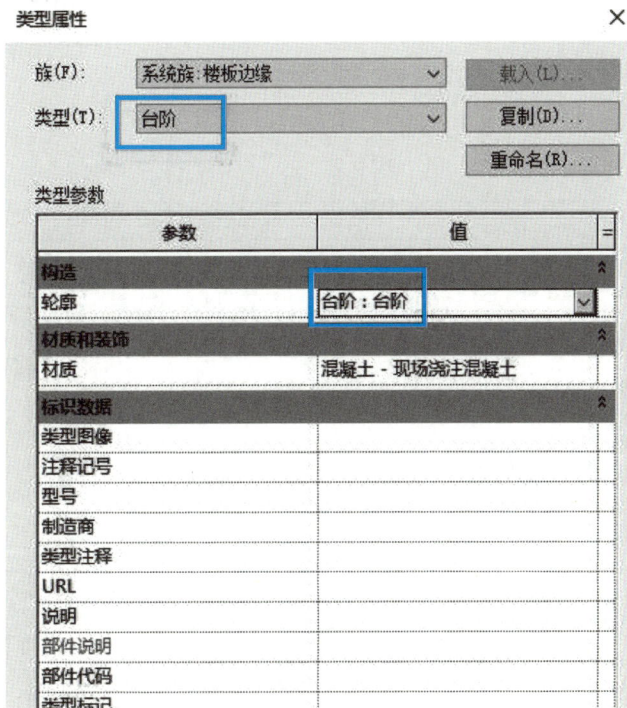

图2-112　选择台阶轮廓

在三维视图选择楼板上边线，绘制台阶（图2-113）。

图2-113　选择楼板边线并完成绘制

其他台阶的绘制方法相同，不再叙述。

任务 11 创建散水

同台阶轮廓绘制方法，点击文件，新建一个族，选择公制轮廓。打开界面后选用直线命令绘制散水（图 2-114）。

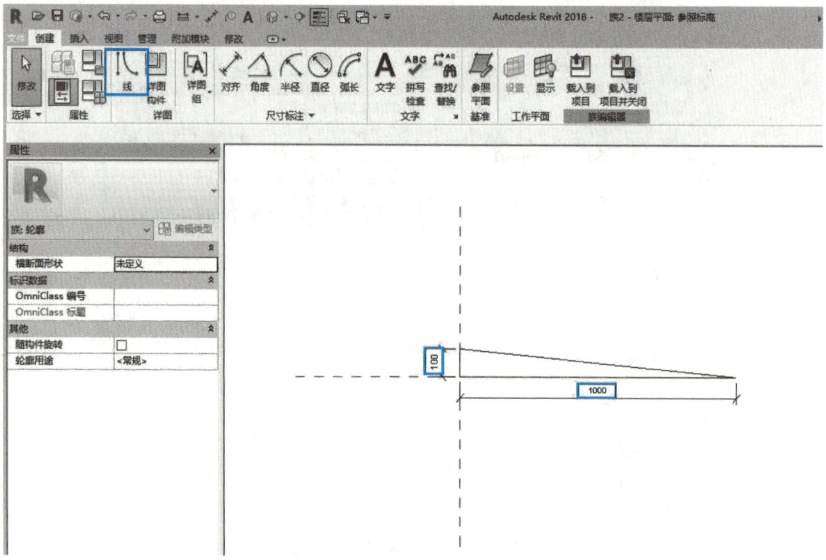

图 2-114 绘制散水

将文件保存，名称为散水。之后点击【载入到项目并关闭】（图 2-115）。

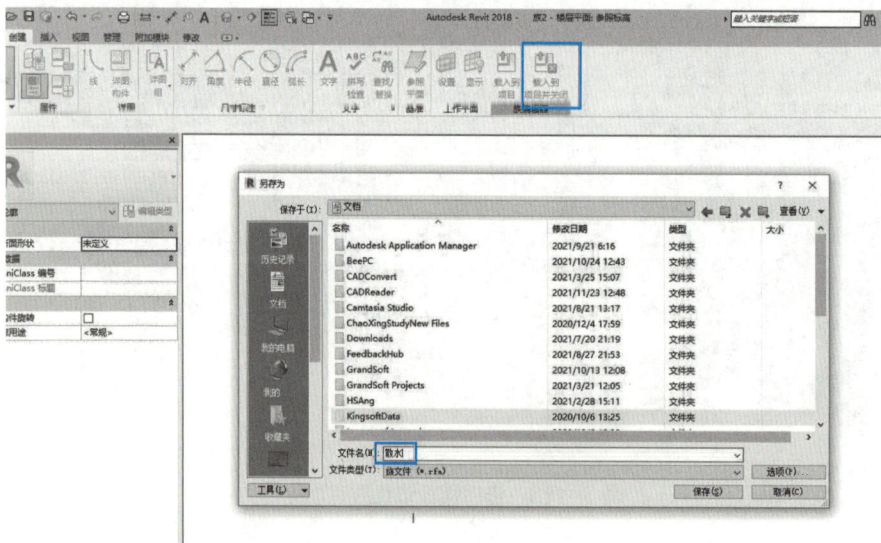

图 2-115 命名为散水并保存

建筑信息模型（BIM）建模案例教程

切换到三维视图。在【构建】选项卡中点击【墙】菜单中的【墙:饰条】(图2-116)。

图2-116　选择墙:饰条

在编辑类型中复制类型名称为散水,将【轮廓】修改为散水。选择【剪切墙】和【被插入对象剪切】(图2-117)。

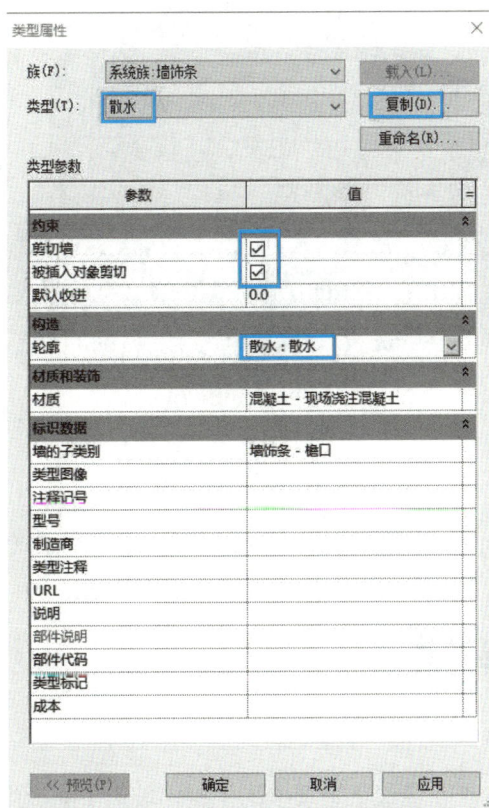

图2-117　复制新类型并命名散水

点击墙体边缘放置散水（图 2-118）。

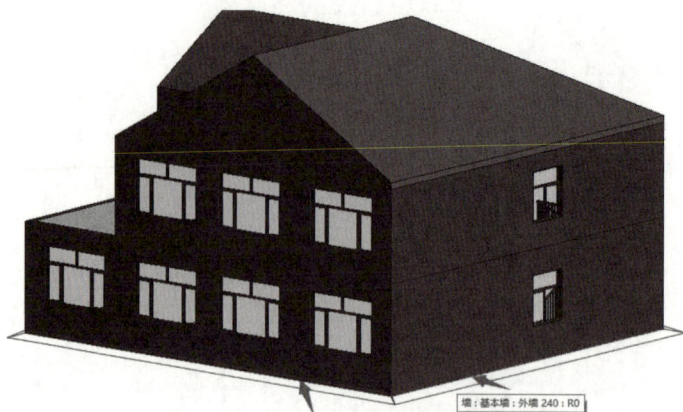

图 2-118　放置散水

室外散水创建完成效果如图 2-119 所示。

图 2-119　散水创建完成

任务 12　创建坡道

进入首层平面图。在【建筑】选项卡的【楼梯坡道】面板中选择【坡道】，进入创建坡道的界面中（图 2-120）。

建筑信息模型（BIM）建模案例教程

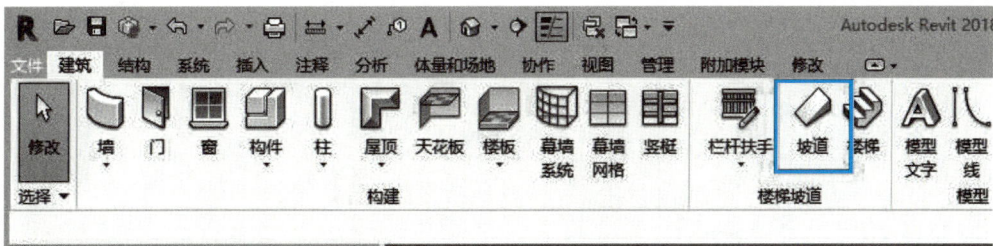

图 2-120　选择创建坡道

开始绘制坡道的轮廓。在属性面板中修改坡道的宽度为 1200mm，并修改底部偏移为室外地坪，顶部限制为首层，顶部偏移为 0mm（图 2-121）。

之后点【编辑类型】，将造型改为实体，功能改为内部（图 2-122）。

图 2-121　修改坡道属性

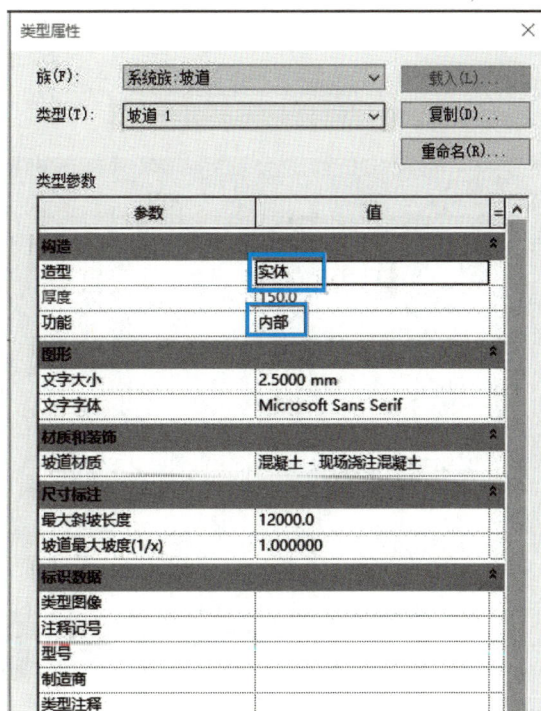

图 2-122　修改造型和功能

接下来开始创建坡道，首先选择的是坡道的底部，方向是到顶部的方向（图 2-123）。

2500 创建的倾斜坡道，-2200 剖头

图 2-123　选择方向并创建

我们点击完成，创建坡道（图 2-124）。

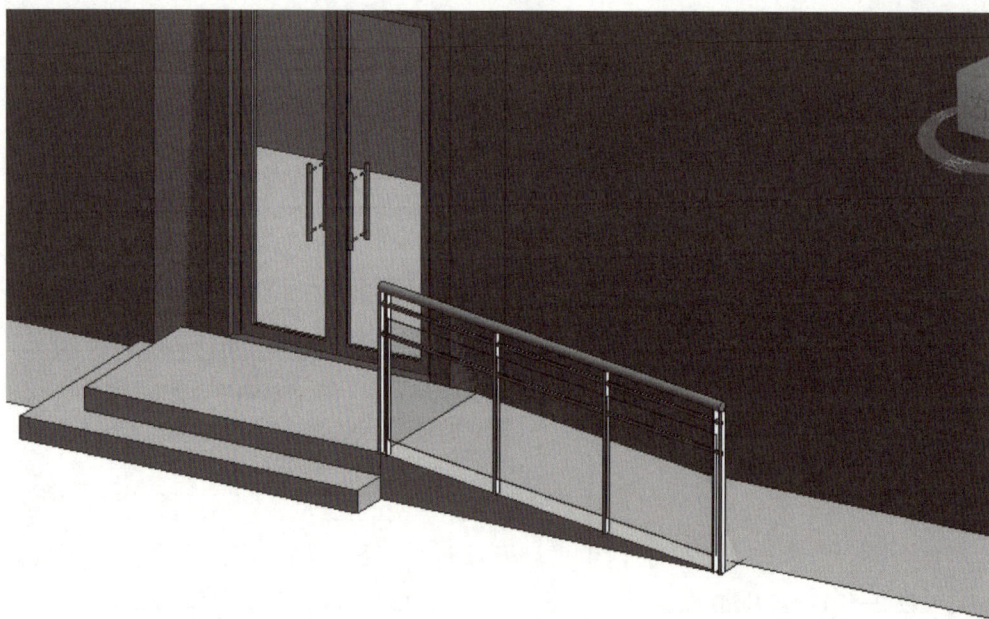

图 2-124　坡道创建完成

建筑信息模型（BIM）建模案例教程

任务13　创建场地

进入【楼层平面】中的【室外地坪】标高，绘制场地。点击体量和场地选项卡选择【地形表面】命令（图2-125）。

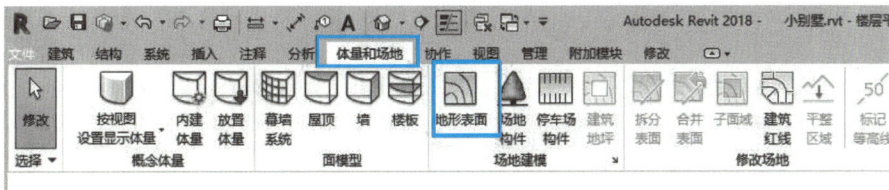

图2-125　选择地形表面

点击【参照平面】创建辅助线，通过【放置点】命令来进行场地的创建（图2-126）。

图2-126　选择并放置合适的点

将【放置点】的高程修改为-300。点击完成场地创建（图2-127）。

图 2-127 修改高程参数

切换到三维视图，点击绘制完成的场地，在【属性】面板中更改场地材质为【草】（图 2-128）。

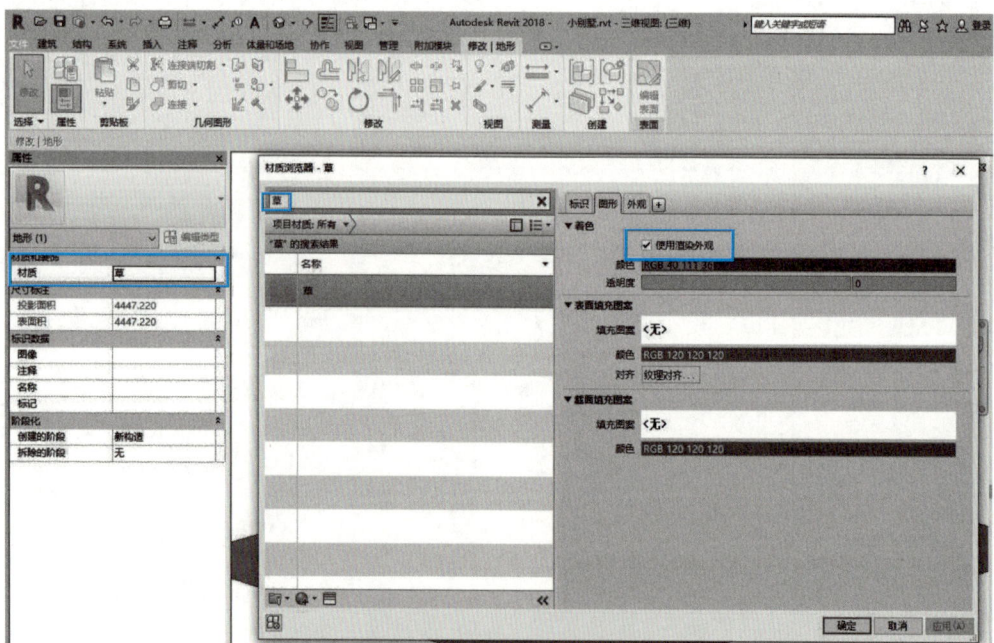

图 2-128 更改材质

建立完成的场地如图 2-129 所示。

建筑信息模型（BIM）建模案例教程

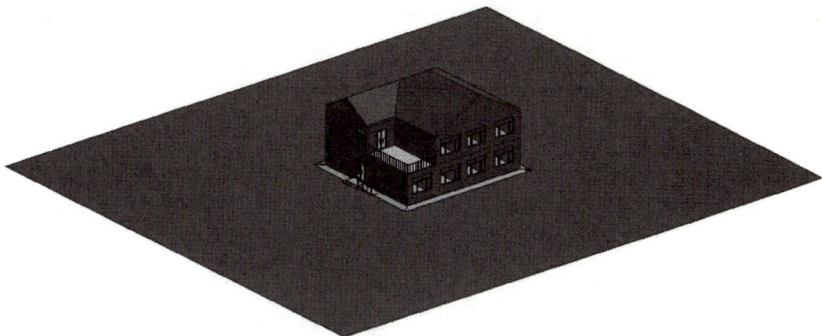

图 2-129　场地创建完成

任务 14　放置构件

以放置场地构件的方式为例来介绍如何放置构件。

首先来到视图室外地坪。

选择【建筑】选项卡中的【放置构件】命令（图 2-130）。

图 2-130　选择放置构件

在【属性】面板中点击【编辑类型】，之后点击【载入】。载入场地中需要的构件，如 RPC 男性，RPC 甲虫，RPC 树等。

在【建筑 - 配景】中载入 RPC 甲虫和 RPC 男性，在【建筑 - 植物】中载入 RPC 树（图 2-131）。

通过点击来放置载入完成的构件，完成效果如图 2-132 所示。

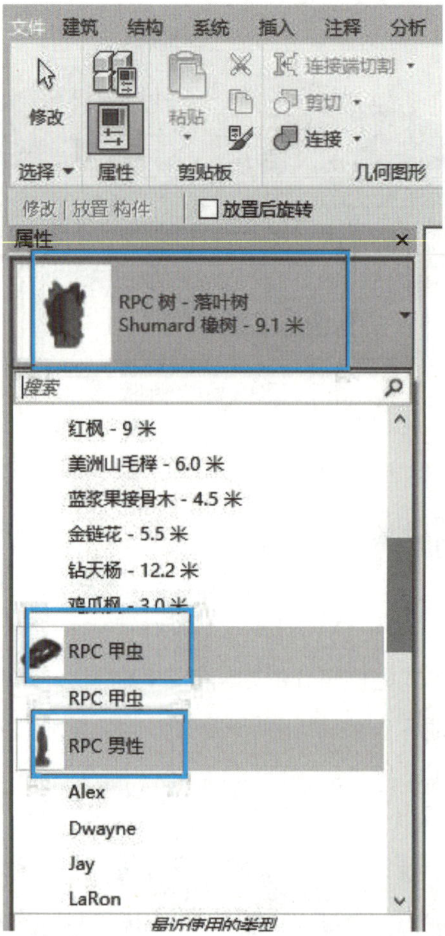

图 2-131 载入构件

图 2-132 放置构件完成

建筑信息模型（BIM）建模案例教程

项目三
办公楼

项目三
办公楼

⊕ 知识目标
_____

通过本项目的学习，要求学生理解并掌握 Revit 软件功能区各种命令的使用方法；
了解并掌握标高、轴网、外墙、内墙、柱、门、窗、楼板、楼梯、洞口、雨棚、屋顶、
女儿墙、幕墙、屋顶、楼梯间、台阶、散水、场地的数据信息、放置方式、材质要求、
结构尺寸、绘制方法等内容，能够正确通过设置选项中的编辑类型来完善构件属性；
掌握模型中楼梯间的绘制；掌握模型中室内构件的放置以及载入；掌握模型中场地的
绘制方法。

◎ 能力目标
_____

（1）掌握 BIM 建模软件的基本概念和基本操作（建模环境设置、项目设置、坐
标系定义、标高及轴网绘制、命令与数据的输入等）。

（2）掌握 BIM 参数化建模过程及基本方法：基本模型元素的定义和创建基本模
型元素及其类型。

（3）掌握 BIM 参数化建模方法及操作：包括基本建筑形体；墙体、柱、门窗、
屋顶、地板、顶棚、散水、楼梯等基本建筑构件。

（4）掌握 BIM 建模软件室内构件的放置以及载入。

（5）掌握 BIM 实体编辑及操作：包括移动、拷贝、旋转、阵列、镜像、删除及
分组等。

（6）掌握模型的族实例编辑：包括修改族类型的参数、属性、添加族实例属性等。

（7）掌握创建 BIM 属性明细表及操作：从模型属性中提取相关信息，以表格的
形式进行显示，包括门窗、构件及材料统计表等。

（8）掌握创建设计图纸及操作：包括定义图纸边界、图框、会签栏等。

项目三 办公楼

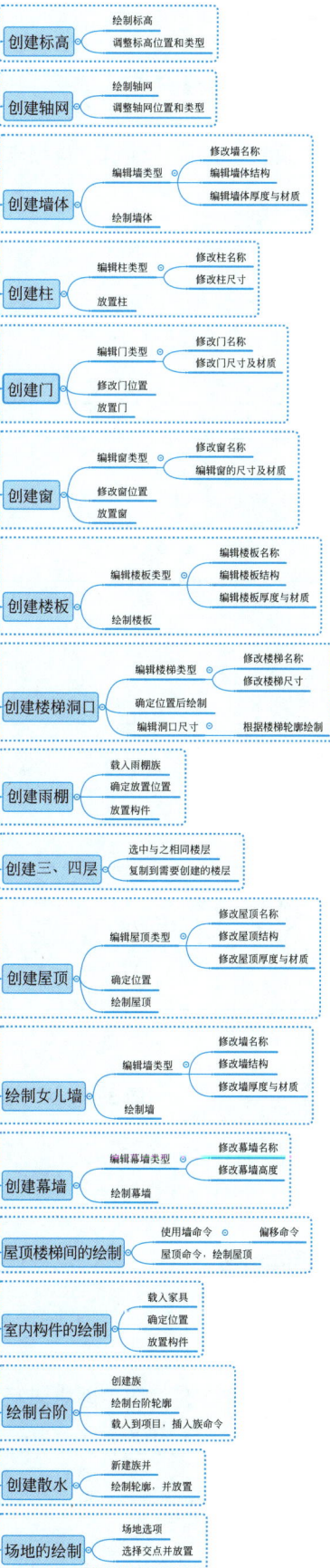

- **创建标高**
  - 绘制标高
  - 调整标高位置和类型
- **创建轴网**
  - 绘制轴网
  - 调整轴网位置和类型
- **创建墙体**
  - 编辑墙类型
    - 修改墙名称
    - 编辑墙体结构
    - 编辑墙体厚度与材质
  - 绘制墙体
- **创建柱**
  - 编辑柱类型
    - 修改柱名称
    - 修改柱尺寸
  - 放置柱
- **创建门**
  - 编辑门类型
    - 修改门名称
    - 修改门尺寸及材质
  - 修改门位置
  - 放置门
- **创建窗**
  - 编辑窗类型
    - 修改窗名称
    - 编辑窗的尺寸及材质
  - 修改窗位置
  - 放置窗
- **创建楼板**
  - 编辑楼板类型
    - 编辑楼板名称
    - 编辑楼板结构
    - 编辑楼板厚度与材质
  - 绘制楼板
- **创建楼梯洞口**
  - 编辑楼梯类型
    - 修改楼梯名称
    - 修改楼梯尺寸
  - 确定位置后绘制
  - 编辑洞口尺寸 —— 根据楼梯轮廓绘制
- **创建雨棚**
  - 载入雨棚族
  - 确定放置位置
  - 放置构件
- **创建三、四层**
  - 选中与之相同楼层
  - 复制到需要创建的楼层
- **创建屋顶**
  - 编辑屋顶类型
    - 修改屋顶名称
    - 修改屋顶结构
    - 修改屋顶厚度与材质
  - 确定位置
  - 绘制屋顶
- **绘制女儿墙**
  - 编辑墙类型
    - 修改墙名称
    - 修改墙结构
    - 修改墙厚度与材质
  - 绘制墙
- **创建幕墙**
  - 编辑幕墙类型
    - 修改幕墙名称
    - 修改幕墙高度
  - 绘制幕墙
- **屋顶楼梯间的绘制**
  - 使用墙命令 —— 偏移命令
  - 屋顶命令，绘制屋顶
- **室内构件的绘制**
  - 载入家具
  - 确定位置
  - 放置构件
- **绘制台阶**
  - 创建族
  - 绘制台阶轮廓
  - 载入到项目，插入族命令
- **创建散水**
  - 新建族并
  - 绘制轮廓，并放置
- **场地的绘制**
  - 场地选项
  - 选择交点并放置

任务 1　创建标高

　　任意打开一个立面图，选择【建筑】选项卡中【基准】面板的【标高】指令，根据图纸进行标高的绘制。

　　在绘制标高的同时修改标高的属性。

　　例：南立面图，如图 3-1 所示。

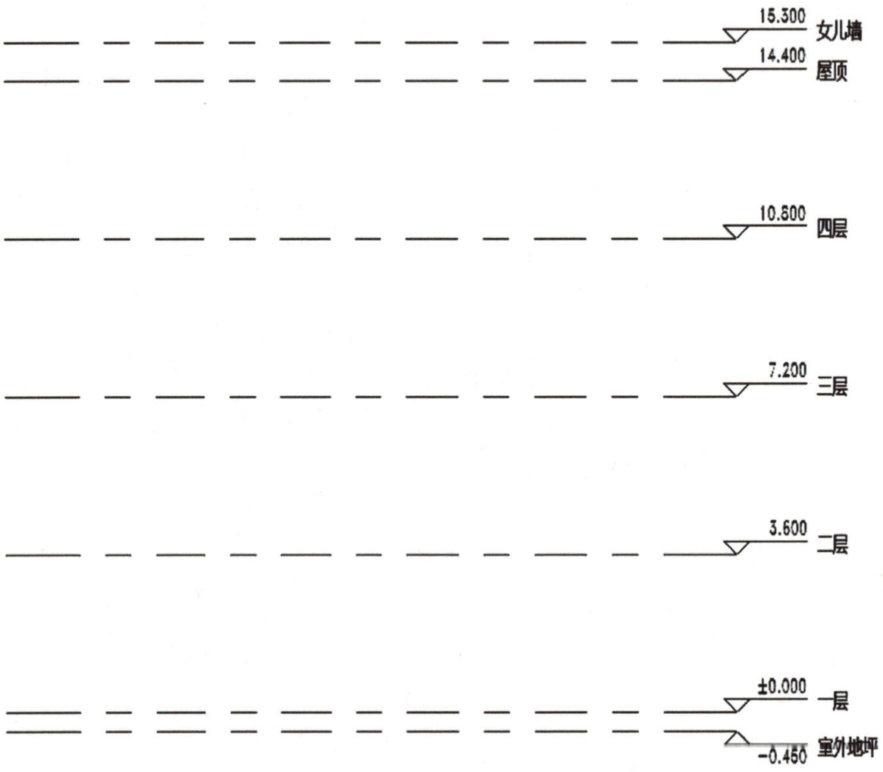

图 3-1　绘制标高

任务 2　创建轴网

　　在 Revit 中轴网的创建应在楼层平面中进行。点选【建筑】选项卡中【基准】面板里的【轴网】指令。再双击选择楼层平面中的首层进行绘制（图 3-2）。

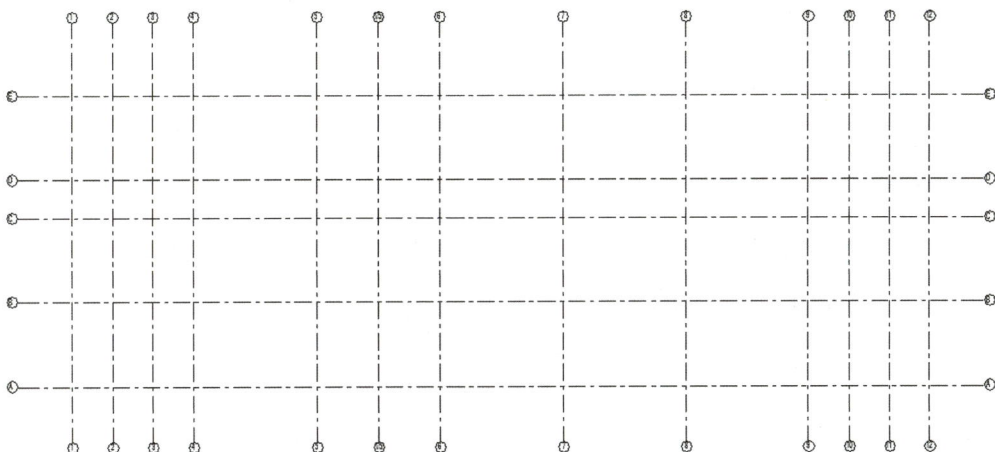

图 3-2　绘制轴网

任务 3　创建墙体

选择【建筑】选项卡【构建】面板中的【墙】命令。点击属性面板中的编辑类型选项后，进行外墙体的创建，首先复制创建"办公楼外墙"（图 3-3）。

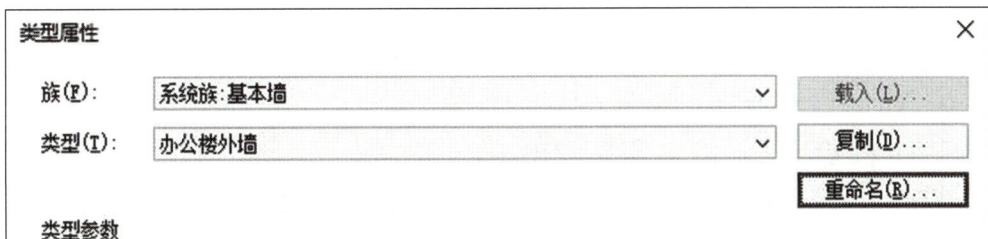

图 3-3　创建墙体名称

进入编辑部件页面，开始编辑外墙的结构（图 3-4）。

如果材质浏览器中没有我们所需要的材料可点击【材质库】，进入材质库中，选择我们所需要的材料。第一步，先创建一个新材质（图 3-5）。

创建新材质后修改成所需要的材料名称（图 3-6）。

打开位于下方的【材质库】，开始替换所需要的材料（图 3-7）。

出现材质库页面，根据所需要材料的分类或搜索材料名称，寻找材料（图 3-8）。

找到材料后，单击后面的【替换】，将材料的属性添加到刚刚复制创建的材料中（图 3-9）。

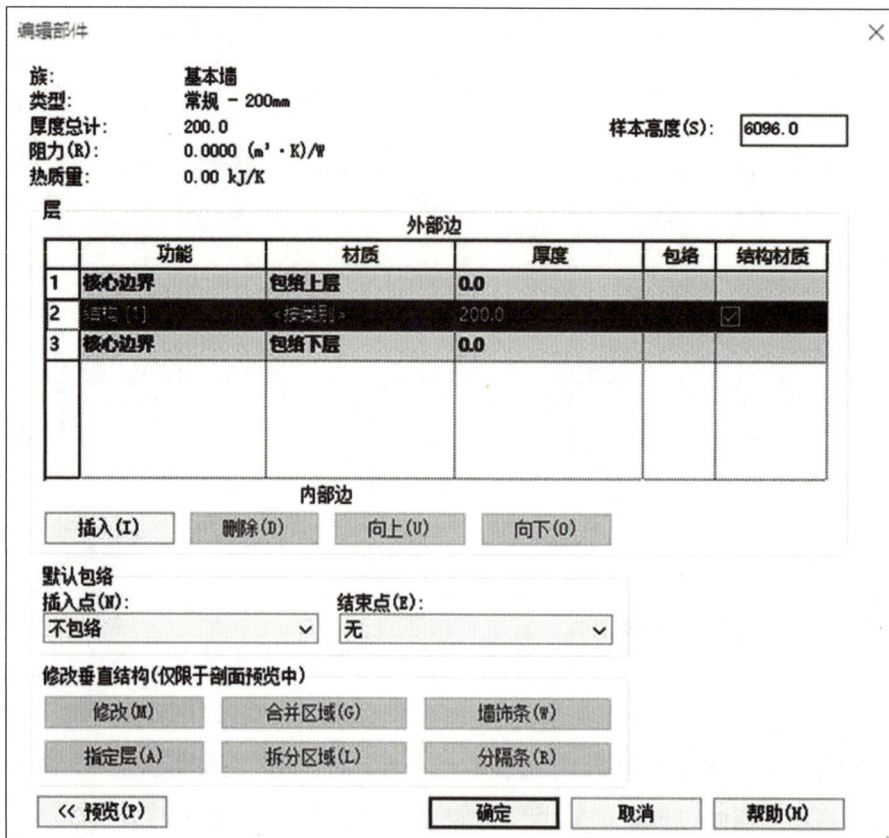

图 3-4　墙参数对话框

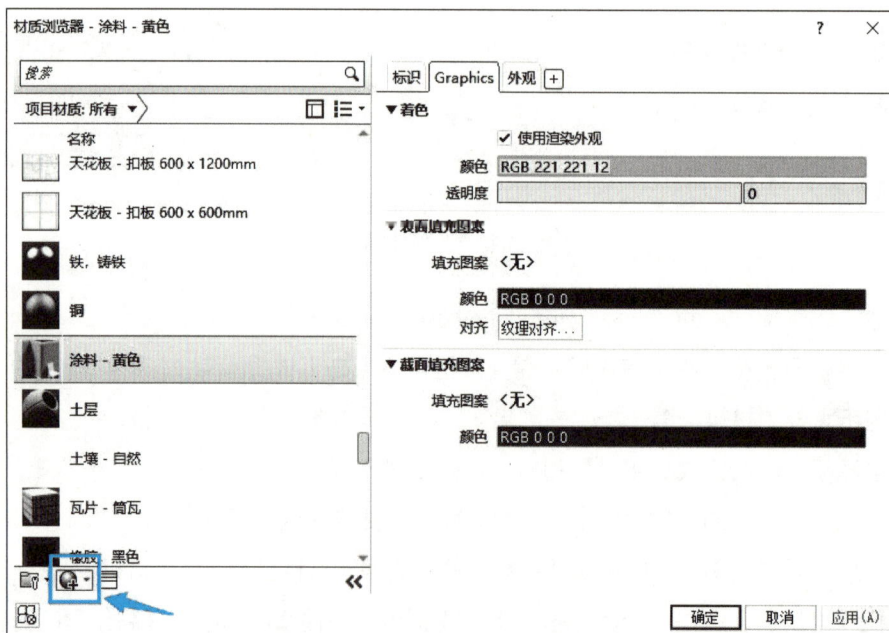

图 3-5　新建并复制材质对话框

　　　·　　　·　　　　　　　　　　　　　　建筑信息模型（BIM）建模案例教程

涂料 - 黄色

图 3-6　修改材质名称

图 3-7　材质库选项

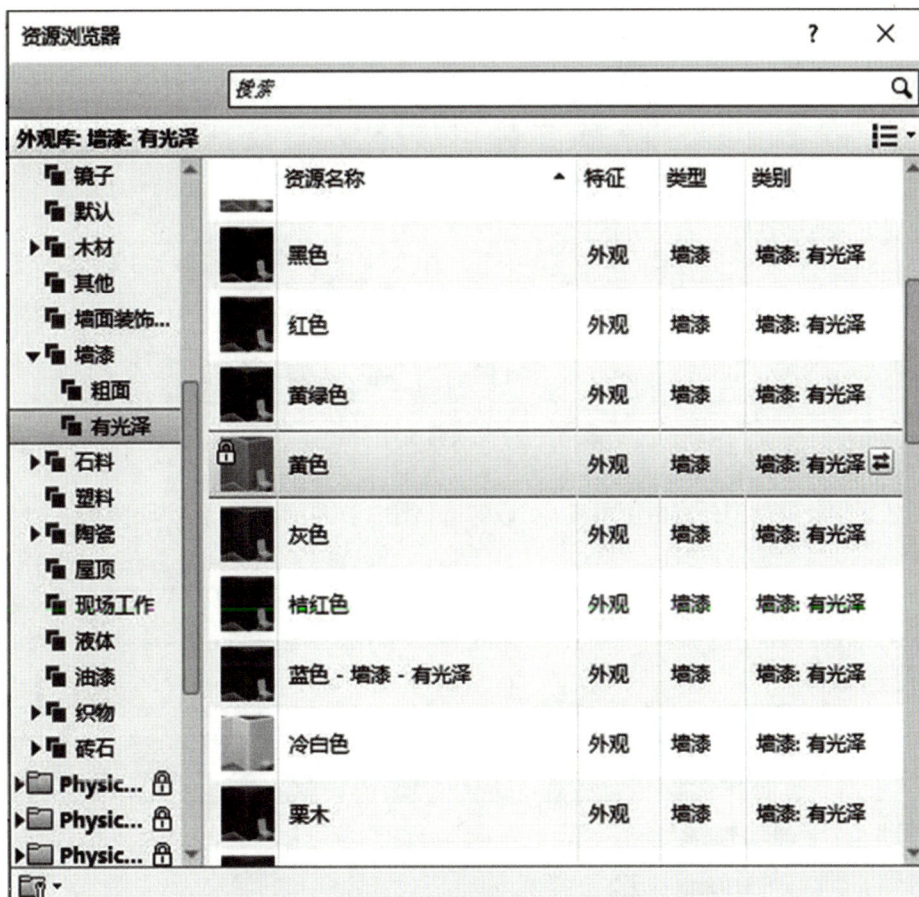

图 3-8　材质库界面对话框

图 3-9　替换选项

关闭材质库，查看新建的材料属性（图 3-10）。

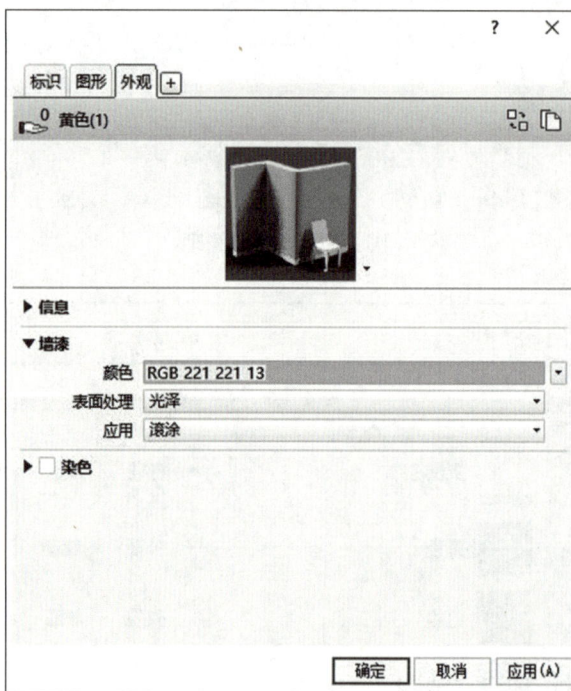

图 3-10　材质属性对话框

如果想让模型的外观更加真实，可以勾选【图形】中【使用渲染外观】（图 3-11）。

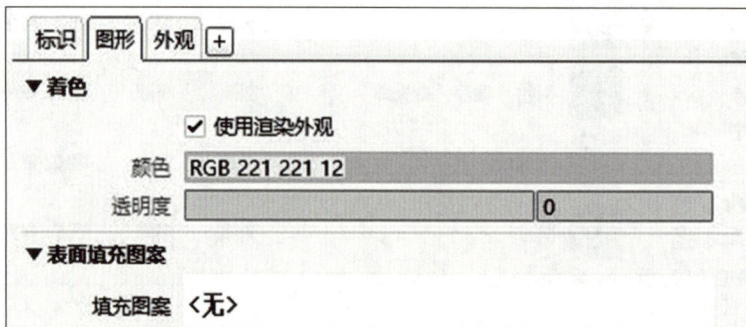

图 3-11　渲染外观对话框

建筑信息模型（BIM）建模案例教程

然后根据这一步对于材质的创建，开始创建外墙的所有材质（图3-12）。

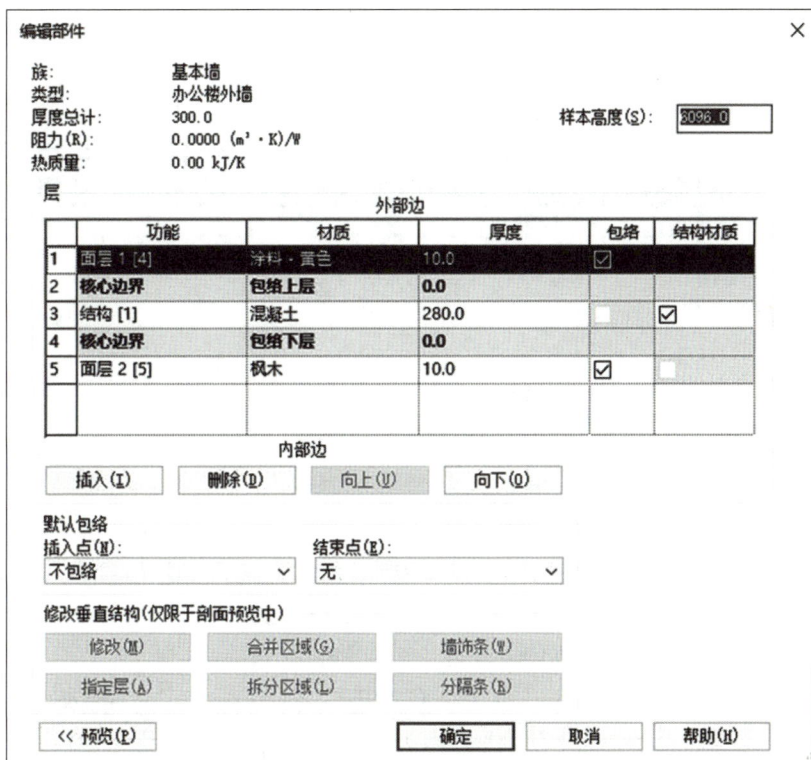

图 3-12 外墙参数对话框

任务 4 创建及绘制内墙

在【建筑】选项卡【构建】面板中选择【墙】指令，复制创建名称为"办公楼内墙"（图 3-13）。

按照 3.3 任务 3 中的方法，编辑内墙的结构（图 3-14）。

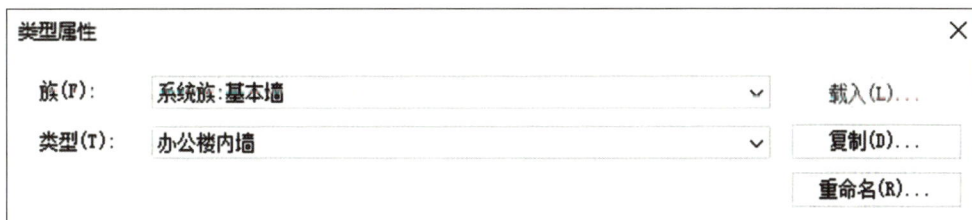

图 3-13 墙名称

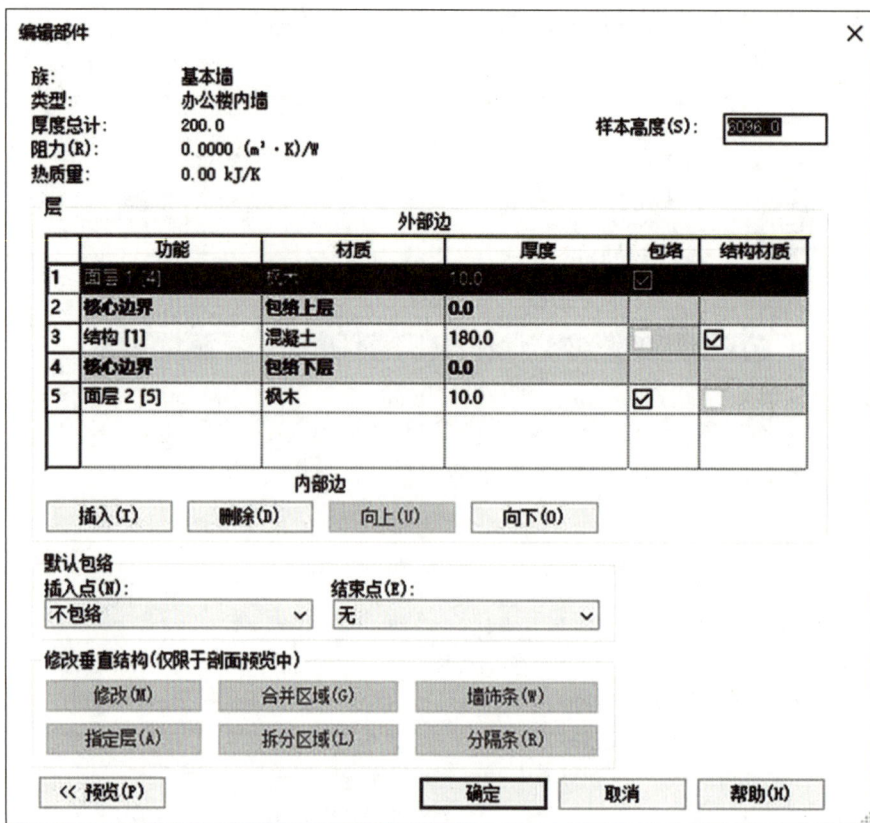

图 3-14　内墙参数对话框

开始绘制办公楼内墙，绘制完成后如图 3-15 所示。

图 3-15　内墙绘制

　　•　　　　•　　　　建筑信息模型（BIM）建模案例教程

任务 5　创建柱

选择【建筑】选项卡【构建】面板中的【柱】命令中的【结构柱】（图 3-16）。

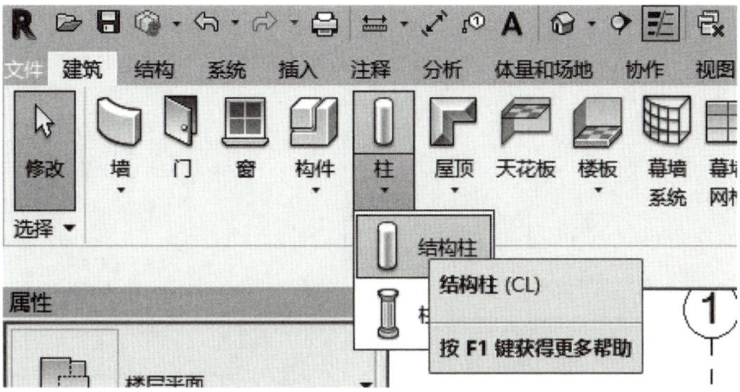

图 3-16　创建结构柱

在类型属性面板中复制创建：【办公楼柱】（图 3-17）。

图 3-17　复制创建［办公楼柱］

在楼层平面标高中，开始放置柱。柱的高度选择二层（图3-18）。

修改 | 放置 结构柱 | ☐ 放置后旋转 | 高度: ∨ 二层 ∨ 2500.0 | ☑ 房间边界

图 3-18

贴着面层放置柱（图3-19）。

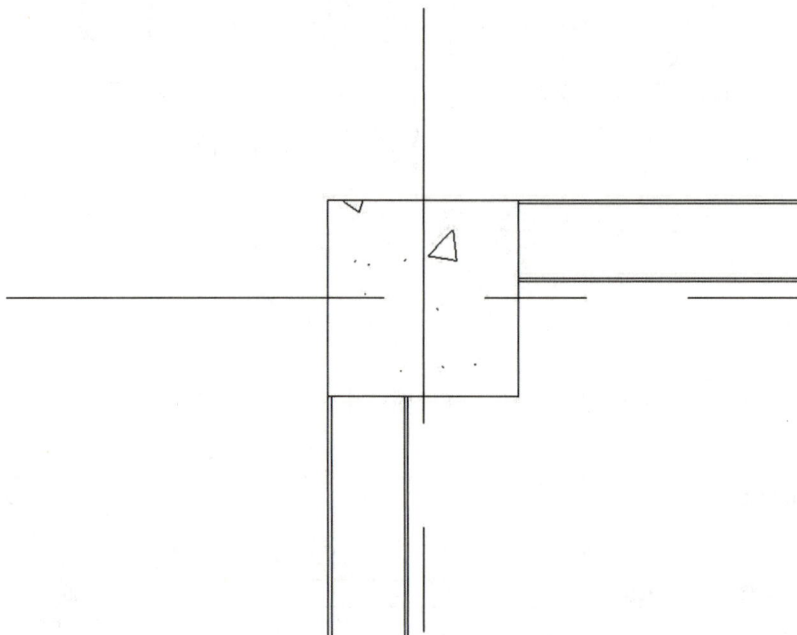

图 3-19　放置柱

在放置柱时用【tab键】与【对齐命令】进行调整。修改后柱的放置情况如图3-20所示。

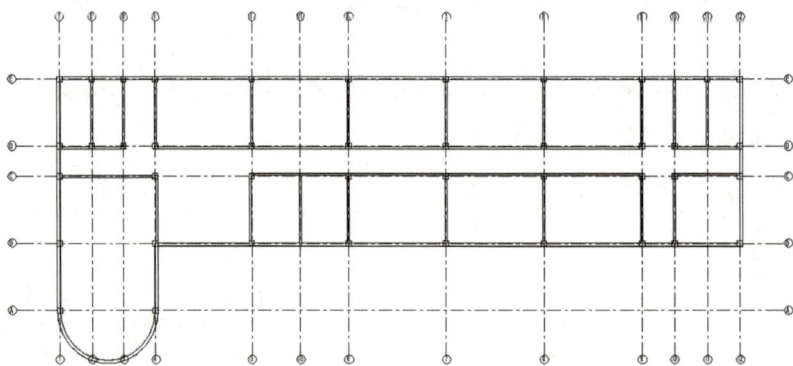

图 3-20　调整柱的位置

一层的柱放置完成以后，二、三、四层以此类推。

建筑信息模型（BIM）建模案例教程

任务 6　创建一、二层门

创建门，在编辑类型中复制创建"M1"【900mm×2100mm】、"M2"【1800mm×2100mm】，并放置。如图3-21所示。

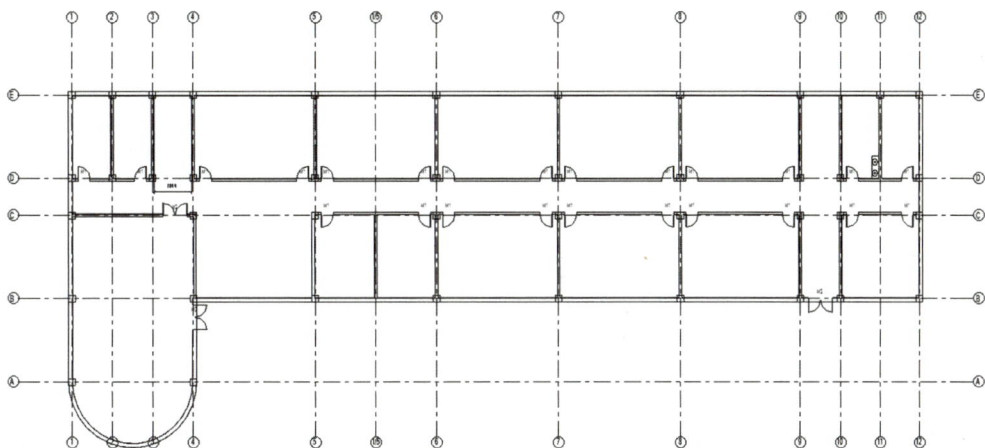

图 3-21　一层门放置

创建二层门的时候与一层的创建方法相同，请参照上文开始创建，创建完成后，如图 3-22 所示。

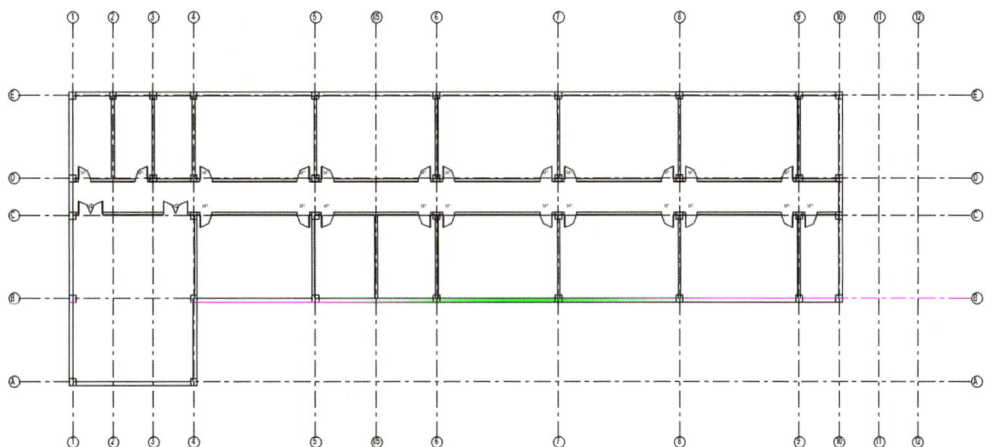

图 3-22　二层门放置

在建筑选项卡构建面板中选择【窗】，点击编辑类型，进入到类型属性页面，复制创建窗"C1"【1800mm×1800mm】，底标高均为【900mm】（图3-23）。

图3-23　复制创建窗 C1

放置窗 C1，放置后如图 3-24 所示。

用类似方法依次创建窗"C2"【2100mm×1800mm】与窗"C4"【1600mm×1800mm】并放置（图3-25）。

然后用同样的方法创建第二层的窗平面图，如图 3-26 所示。

　　·　　　　·

图 3-24 放置窗 C1

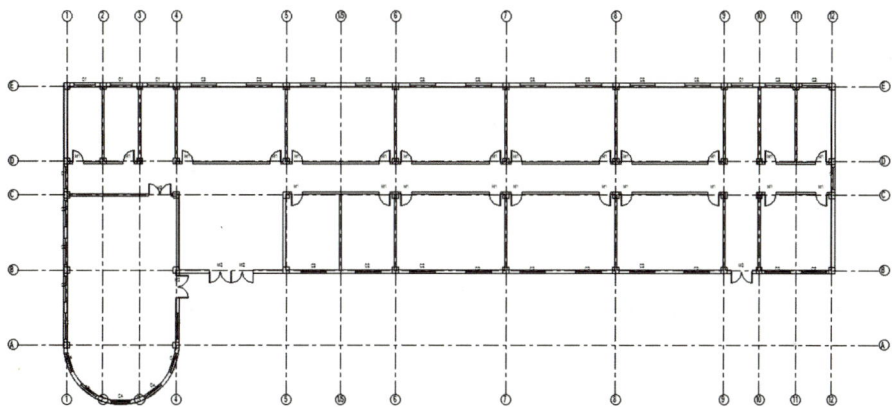

图 3-25 放置窗 C2 与 C4

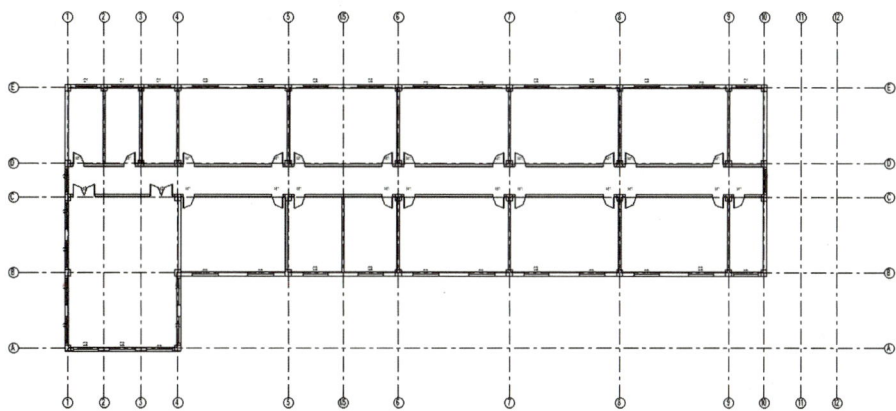

图 3-26 二层窗放置

任务 8　创建办公楼楼板

一层楼板的创建，选择【楼板】命令，边界线选择【拾取墙】，创建楼板。如图3-27和图3-28所示。

图3-27　拾取墙选项

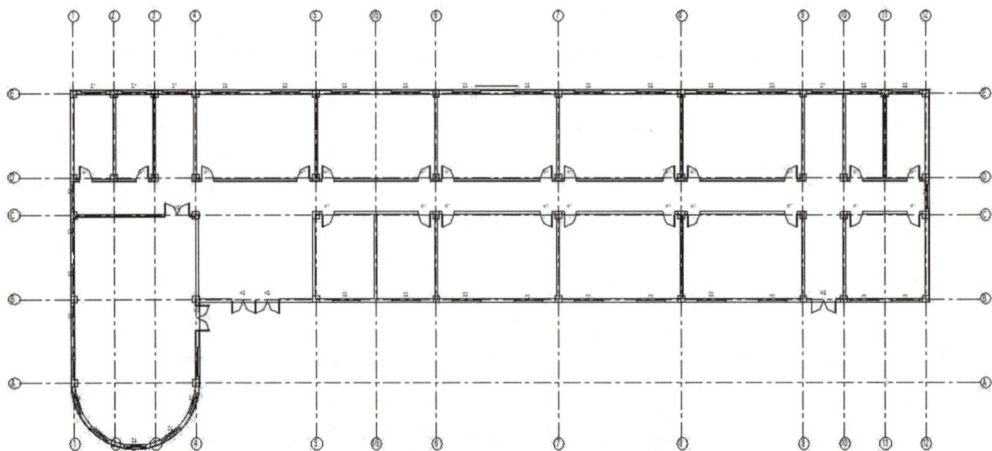

图3-28　创建楼板

当需要偏移高度时可以在属性面板中修改【自标高的高度偏移】，如图3-29所示。

用上面讲述的方法绘制二层楼板（图3-30）。

创建后的3D模型，如图3-31所示。

　·　·　　　　　　　　　　　　　建筑信息模型（BIM）建模案例教程

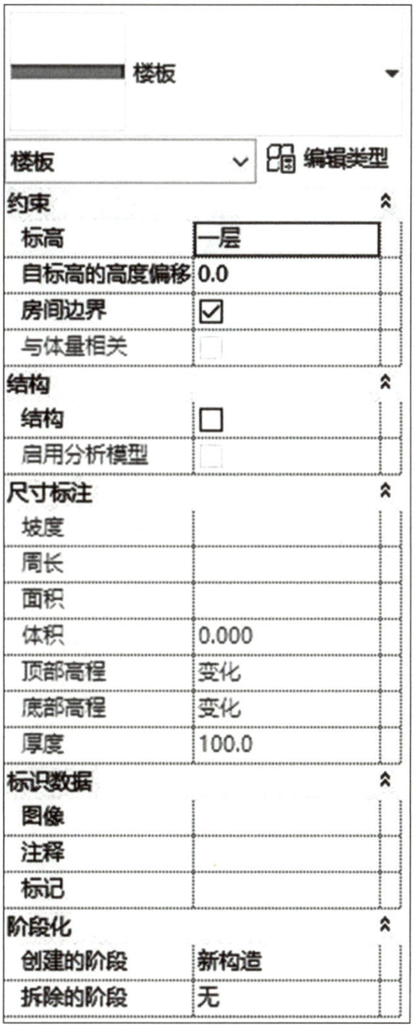

图 3-29　楼板属性对话框

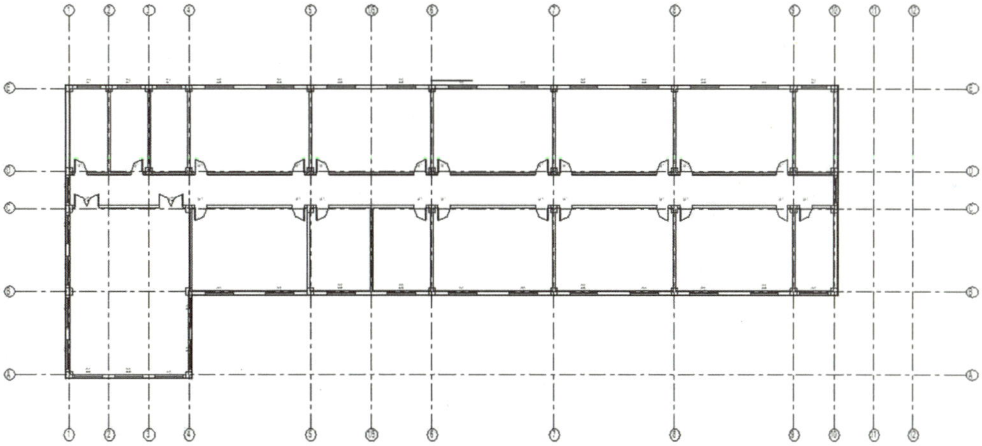

图 3-30　二层楼板

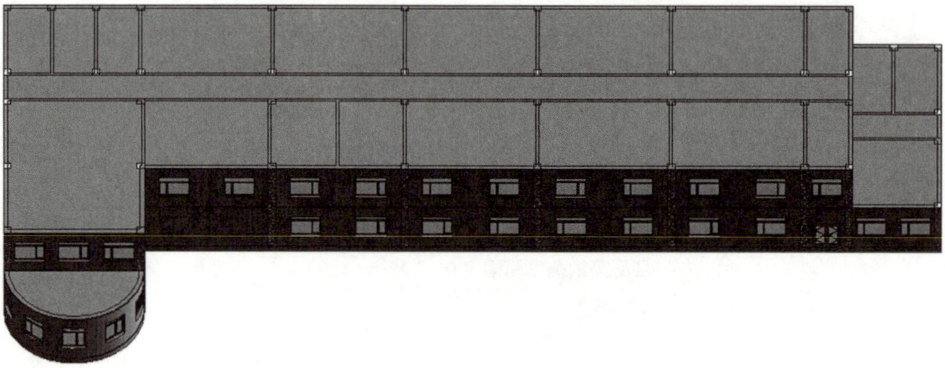

图 3-31　3D 模型

任务 9　创建楼梯与洞口

在建筑选项卡中选择【楼梯】命令（图 3-32）。

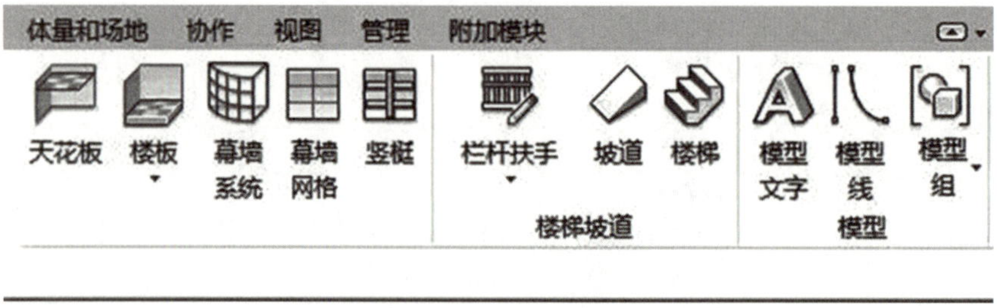

图 3-32　楼梯选项卡

首先我们可以创建【参照平面】，如图 3-33 所示。

创建好参照平面以后开始修改楼梯的属性。在属性面板中修改宽度为【1350mm】，实际踏板深度为【270mm】，实际踢面高度为【150mm】（图 3-34）。

开始绘制，如图 3-35 所示。

绘制完成后点击完成，因为标一层的楼梯与二、三、四的楼梯相同，可以选择【复制粘贴】的命令绘制（图 3-36）。

左键选择要复制的楼梯，在【修改】面板中选择【复制到剪贴板】命令（图 3-37）。

选择【粘贴】中的【与选定标高对齐】（图 3-38）。

选择二、三、四层。楼梯创建成功，开始创建洞口。在【建筑】选项卡中选中【竖井】命令（图 3-39）。

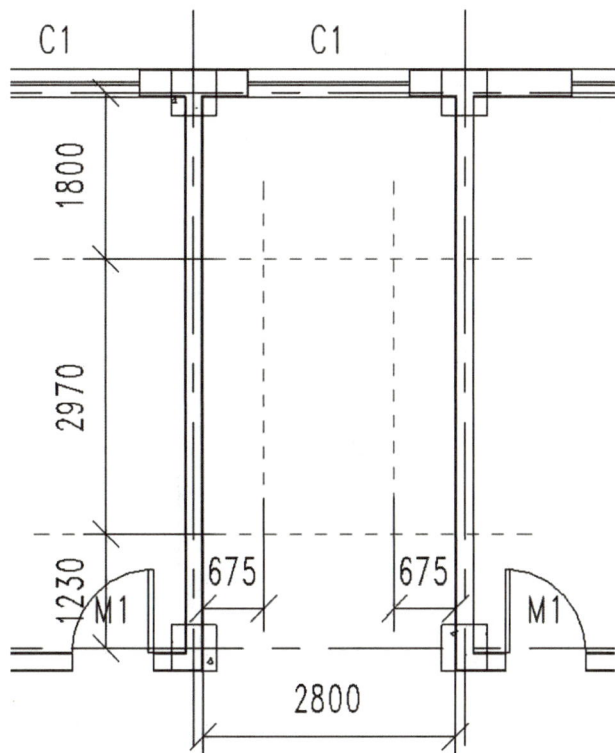

图 3-33 绘制参照平面

图 3-34 楼梯属性对话框

项目三 办公楼

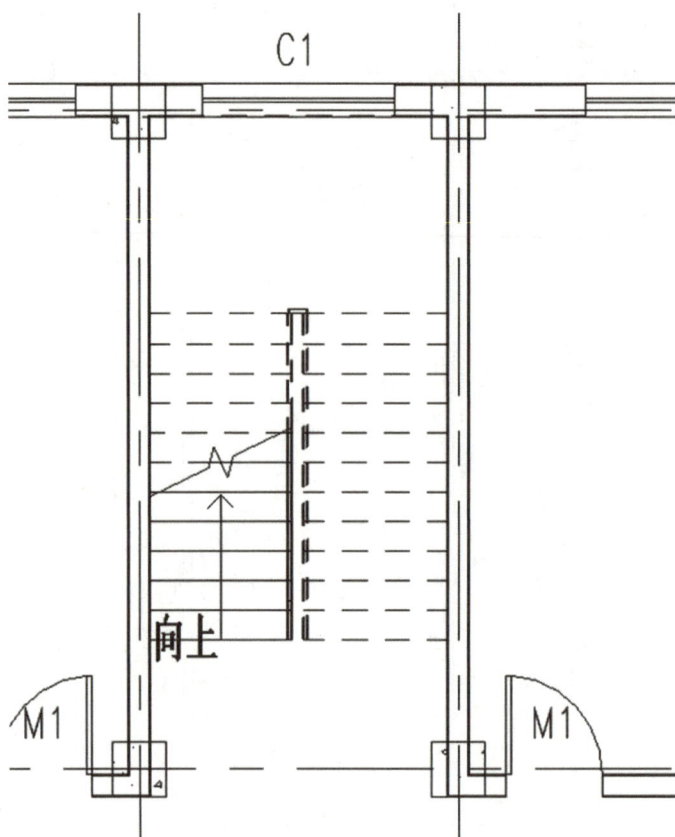

图 3-35　绘制楼梯

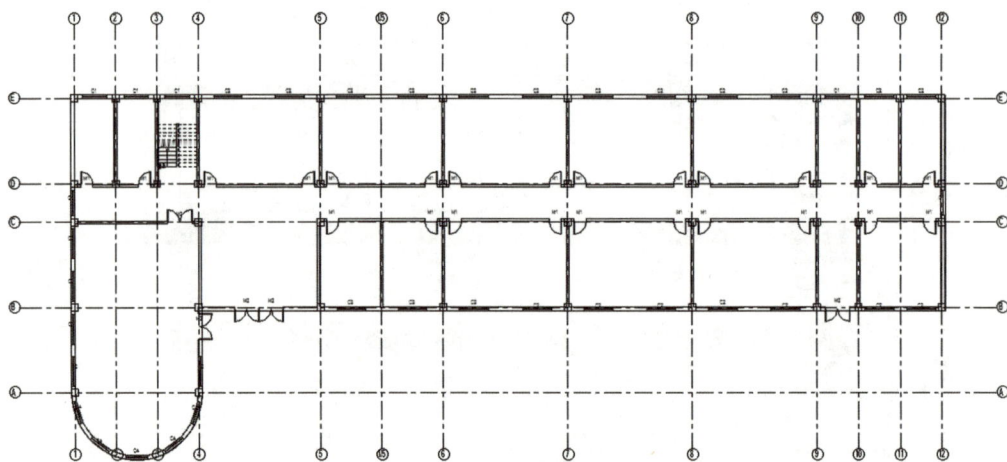

图 3-36　一层楼梯平面

　　·　　　·　　　建筑信息模型（BIM）建模案例教程

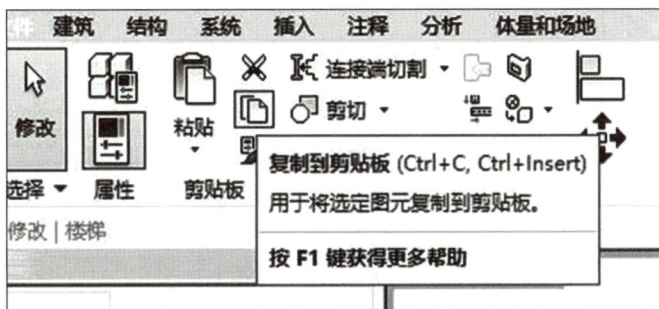

图 3-37　复制到剪贴板选项卡

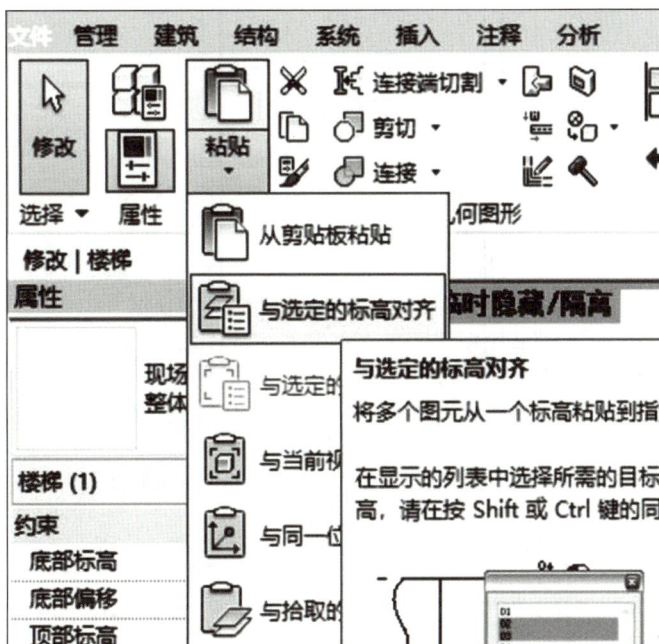

图 3-38　与选定标高对齐选项卡

图 3-39　竖井选项

开始按照楼梯的轮廓绘制竖井的轮廓，图 3-40 所示。

修改属性面板中竖井的【底部限制条件】与【顶部约束】，图 3-41。

完成绘制后，做一个剖面视图，查看洞口与楼梯的创建情况。在【视图】选项卡的【创建】面板中选择【剖面】命令，如图 3-42 所示。

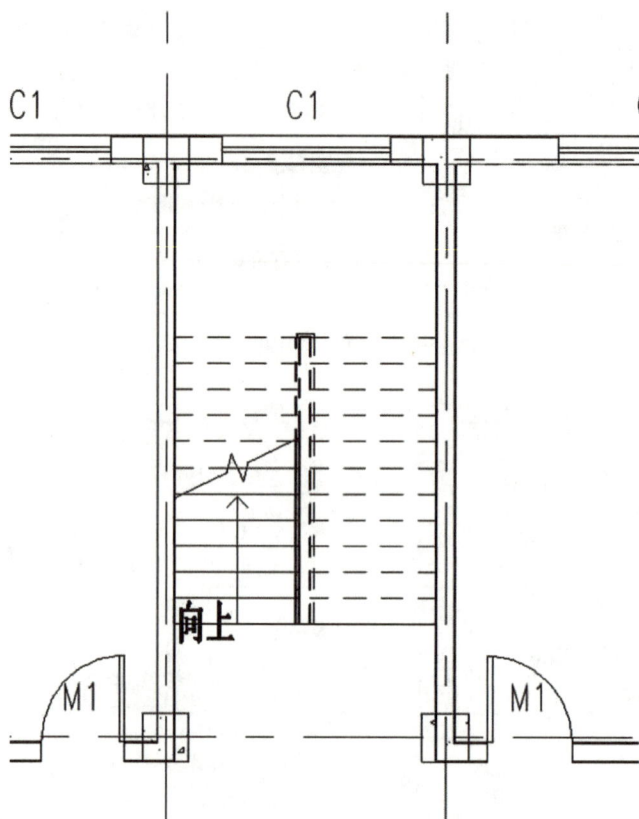

图 3-40 绘制竖井的轮廓

图 3-41 竖井属性对话框

图 3-42　剖面选项

然后鼠标移动到要绘制剖面视图的地方，单击鼠标左键即可创建（图 3-43）。

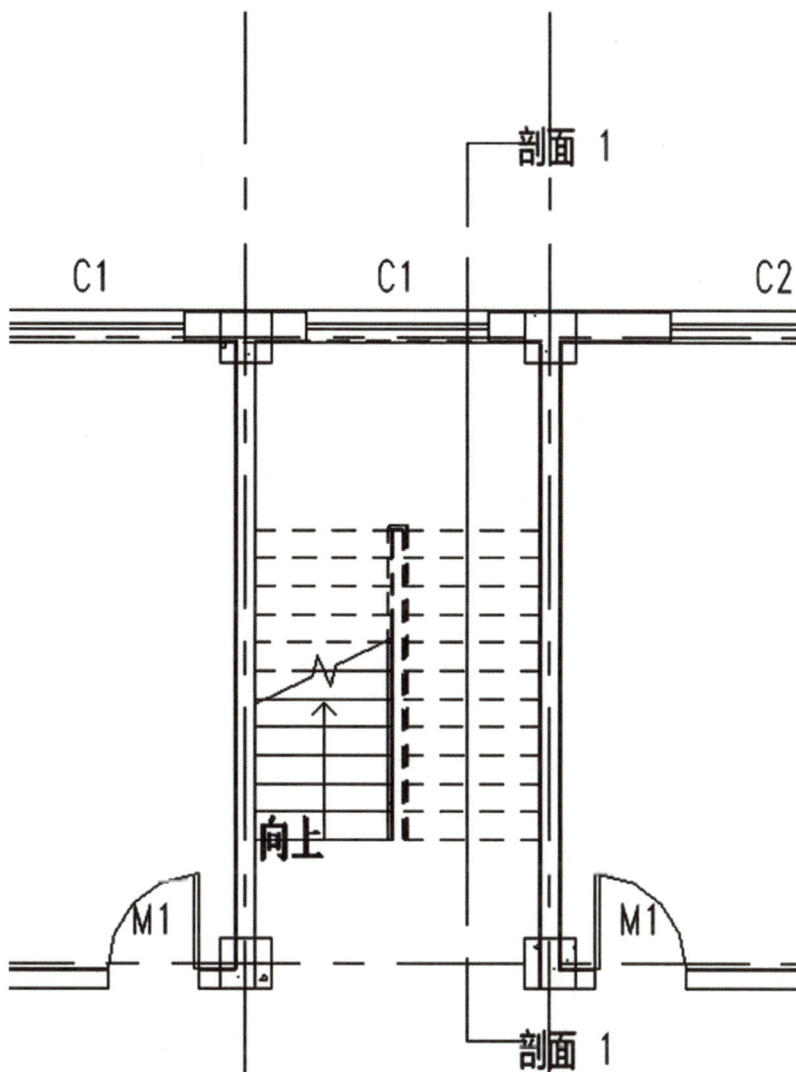

图 3-43　绘制楼梯剖面视图

查看剖面图（图 3-44）。

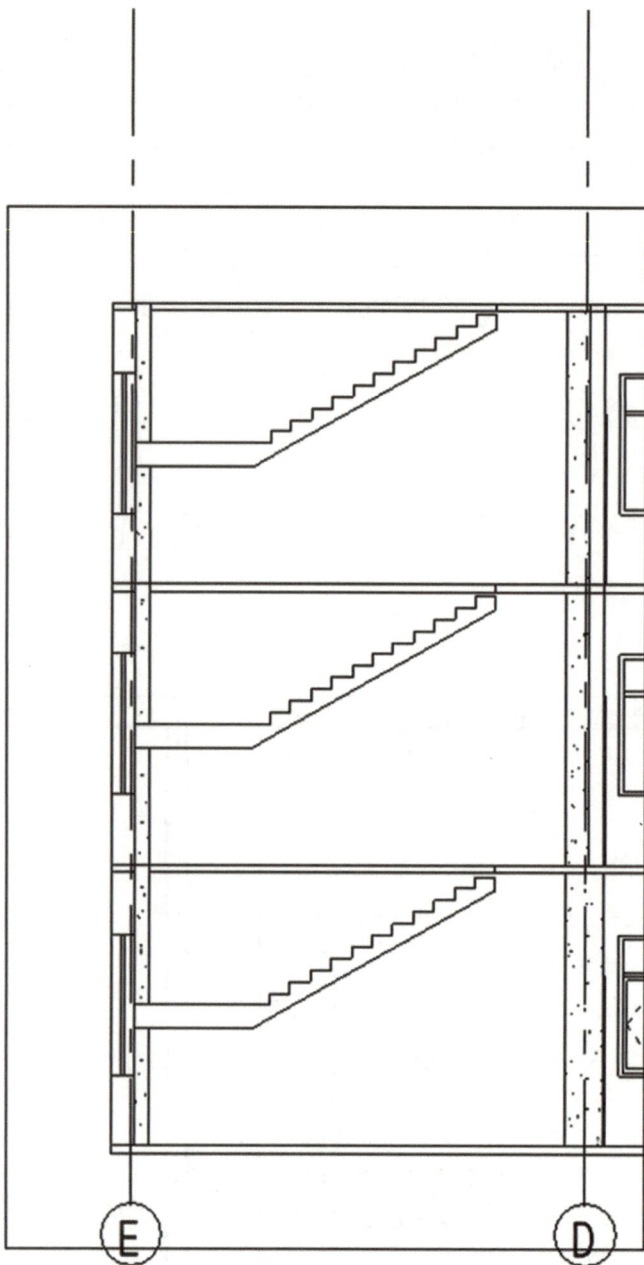

图 3-44 查看楼梯剖面图

任务 10 创建雨棚

在二层中创建雨棚。首先选择【插入】选项卡（图 3-45）。

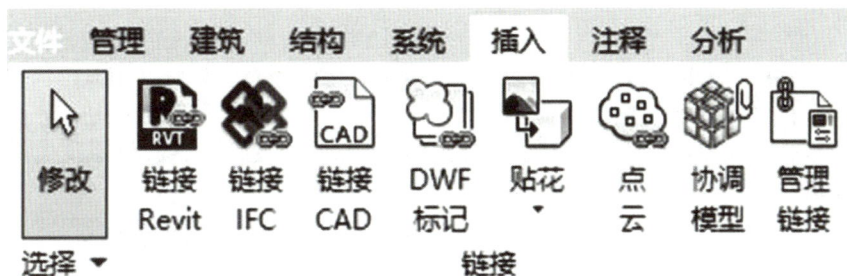

图 3-45 插入选项

在【插入】选项卡中找到【载入族】命令并点击（图 3-46）。

图 3-46 载入族选项

然后我们选择【入口雨棚】这个族（图 3-47）。

图 3-47 雨棚文件

载入完成后我们回到【建筑】选项卡中，选择【构件】命令（图 3-48）。

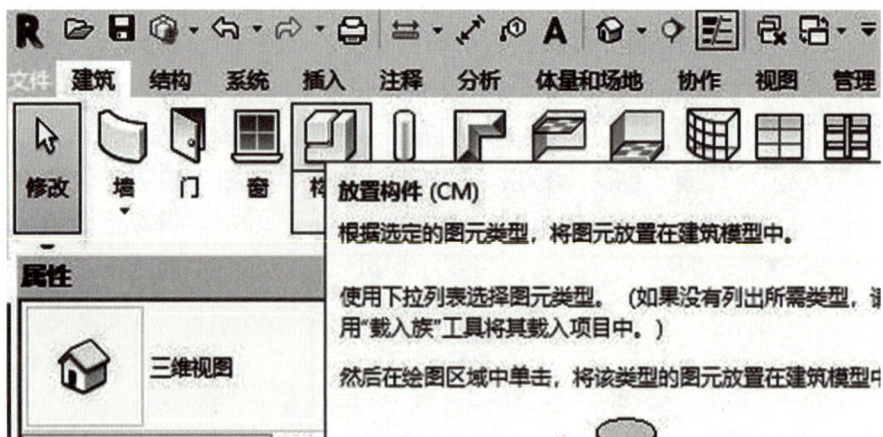

图 3-48　构件选项

找到刚才载入的雨棚，放置完成后如图 3-49 所示。

图 3-49　放置雨棚

　　　·　　　·　　　建筑信息模型（BIM）建模案例教程

任务 11 创建三、四层

复制创建三、四层。打开三维视图框选整个二层（图 3-50）。

图 3-50 二层三维视图

选择好后在【修改】的选项卡中选择【剪贴板】命令（图 3-51）。

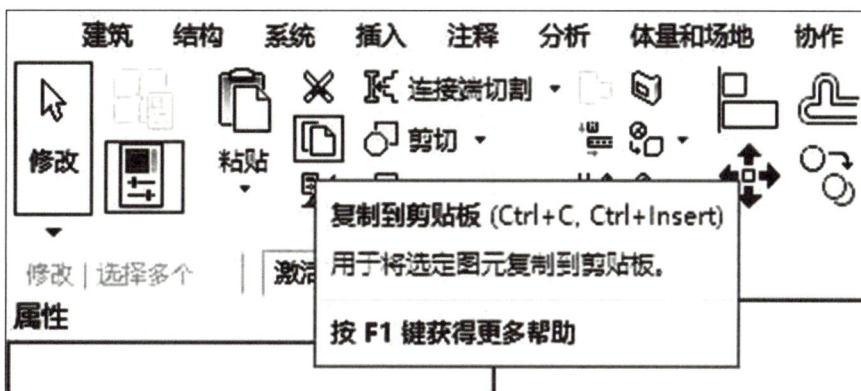

图 3-51 复制选项

点击【与选定的标高对齐】，如图 3-52 所示。

选择楼层平面【三、四层】，直接创建第三、四层，如图 3-53 所示。

创建完后的三层的楼层平面，如图 3-54 所示。

这里需要注意要删除第四层的楼板，因为第四层已经到了屋顶，需要在第四层绘制屋顶。

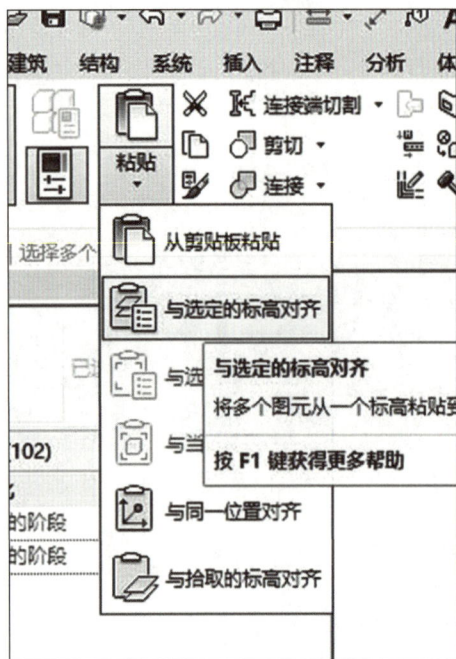

图 3-52　与选定的标高对齐选项

图 3-53　创建三、四层

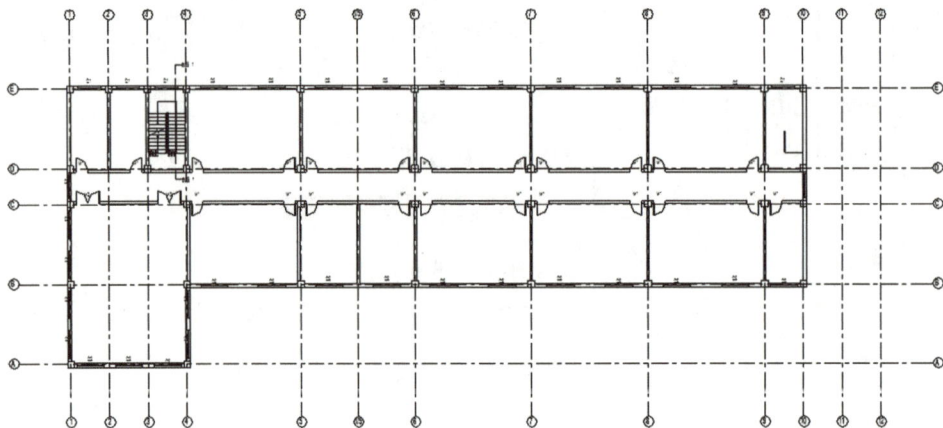

图 3-54　三层楼层平面

任务 12　创建屋顶

　　开始绘制天台屋顶。首先选择【建筑】选项卡【构建】面板中的【迹线屋顶】。然后开始编辑屋顶的结构，点击属性面板中的【编辑类型】，复制创建新的屋顶"办公楼 4 层屋顶"，如图 3-55 所示。

　　·　　·　　建筑信息模型（BIM）建模案例教程

类型属性   ✕

族(F):   系统族:基本屋顶   ⌄   载入(L)...

类型(T):   办公楼4层屋顶   ⌄   复制(D)...

                                                     重命名(R)...

图 3-55　复制创建新的屋顶

开始编辑屋顶的结构，图 3-56 所示。

编辑部件   ✕

族: 基本屋顶
类型: 常规 - 125mm
厚度总计: 125.0（默认）
阻力(R):   0.0000（m'·K)/W
热质量: 0.00 kJ/K

层

	功能	材质	厚度	包络	可变
1	核心边界	包络上层	0.0		
2	结构 [1]	<按类别>	125.0	☐	☐
3	核心边界	包络下层	0.0		

插入(I)　　删除(D)　　向上(U)　　向下(O)

<< 预览(P)　　　　　　　　确定　　取消　　帮助(H)

图 3-56　编辑屋顶结构

首先插入面层，开始逐一编辑材质类型及厚度（图 3-57、图 3-58）。

开始绘制屋顶，绘制后如图 3-59 所示。

绘制完成的三维图像，如图 3-60 所示。

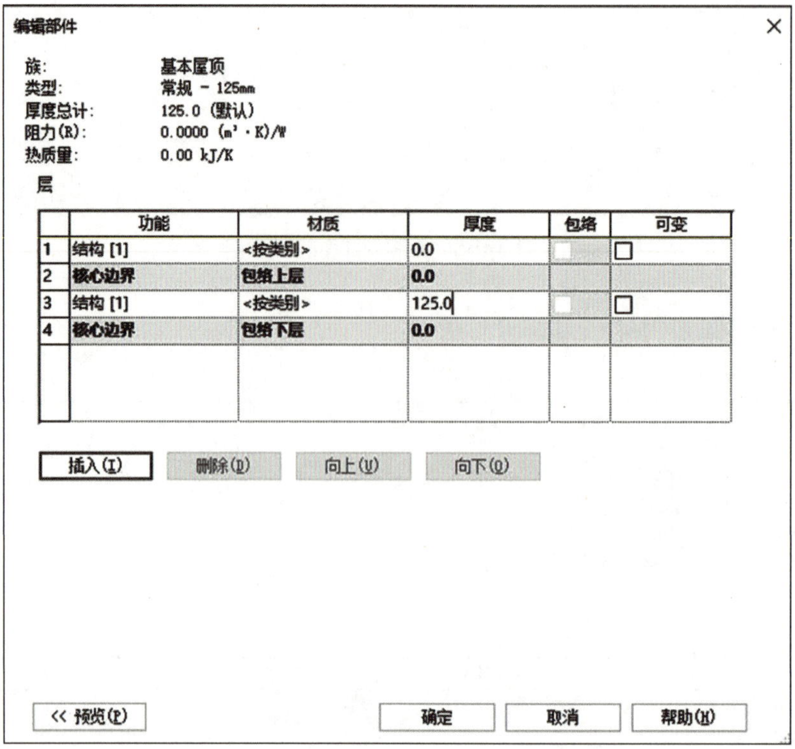

编辑部件

族: 基本屋顶
类型: 常规 − 125mm
厚度总计: 125.0（默认）
阻力(R): 0.0000 (m²·K)/W
热质量: 0.00 kJ/K

层

	功能	材质	厚度	包络	可变
1	结构 [1]	<按类别>	0.0	☐	☐
2	核心边界	包络上层	0.0		
3	结构 [1]	<按类别>	125.0	☐	☐
4	核心边界	包络下层	0.0		

插入(I)　　删除(D)　　向上(U)　　向下(O)

<< 预览(P)　　　　　确定　　取消　　帮助(H)

图 3-57　插入面层

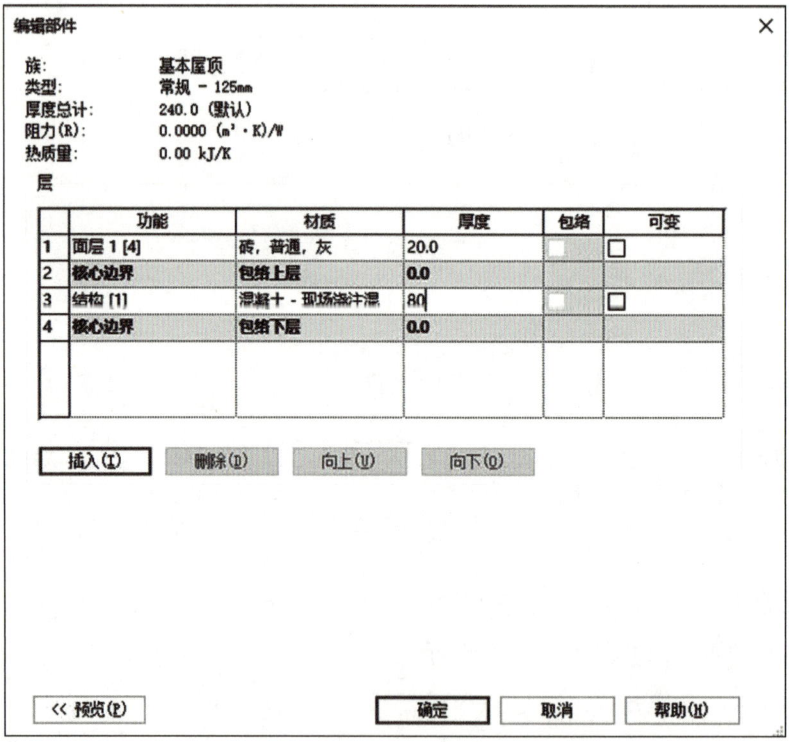

编辑部件

族: 基本屋顶
类型: 常规 − 125mm
厚度总计: 240.0（默认）
阻力(R): 0.0000 (m²·K)/W
热质量: 0.00 kJ/K

层

	功能	材质	厚度	包络	可变
1	面层 1 [4]	砖，普通，灰	20.0	☐	☐
2	核心边界	包络上层	0.0		
3	结构 [1]	混凝十 - 现场浇汁混	80	☐	☐
4	核心边界	包络下层	0.0		

插入(I)　　删除(D)　　向上(U)　　向下(O)

<< 预览(P)　　　　　确定　　取消　　帮助(H)

图 3-58　编辑材质类型及厚度

建筑信息模型（BIM）建模案例教程

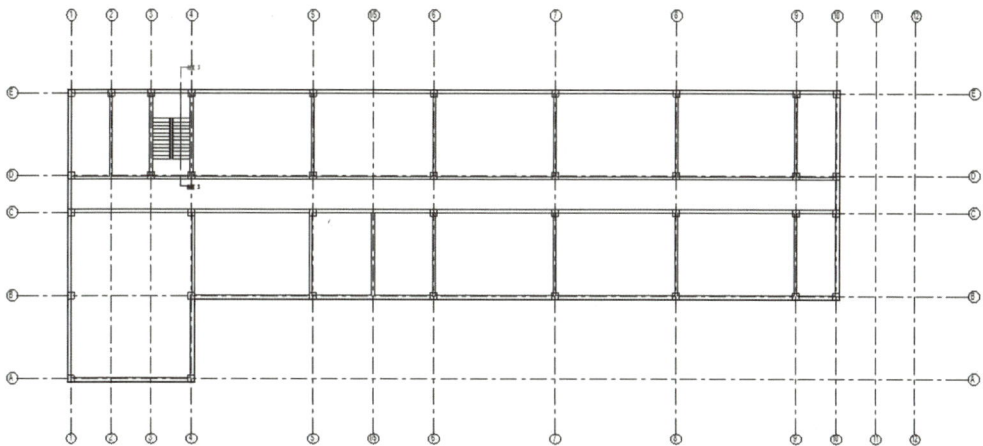

图 3-59　绘制屋顶

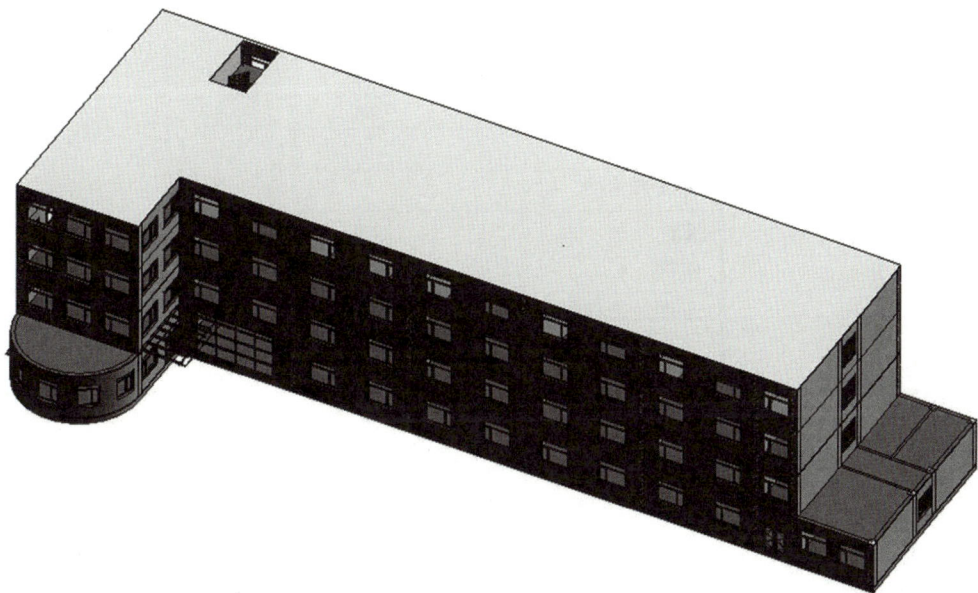

图 3-60　三维图像

任务 13　绘制女儿墙

在【建筑】选项卡【构建】面板中选择【墙】命令，在属性面板中选中"办公楼外墙"，在楼层平面"屋顶"上开始绘制。修改顶部约束，【无连接高度】为 900mm（图 3-61）。

创建完成后如图 3-62 所示。

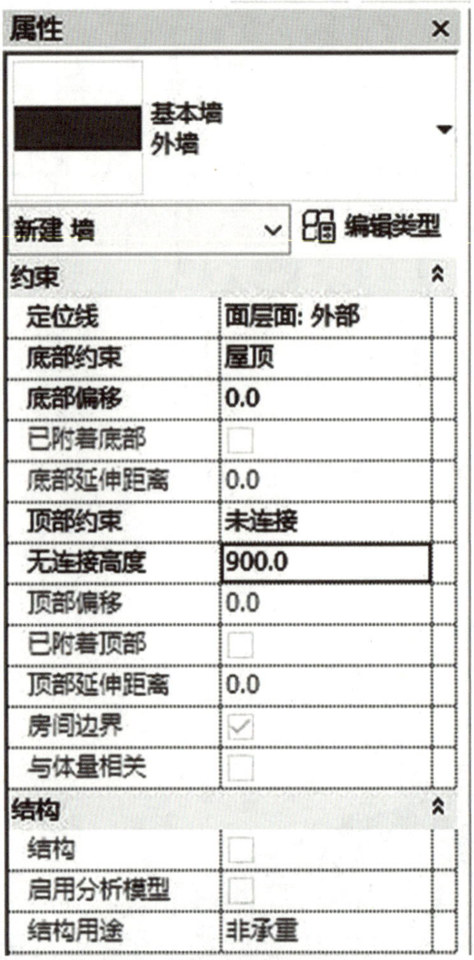

图 3-61　女儿墙属性

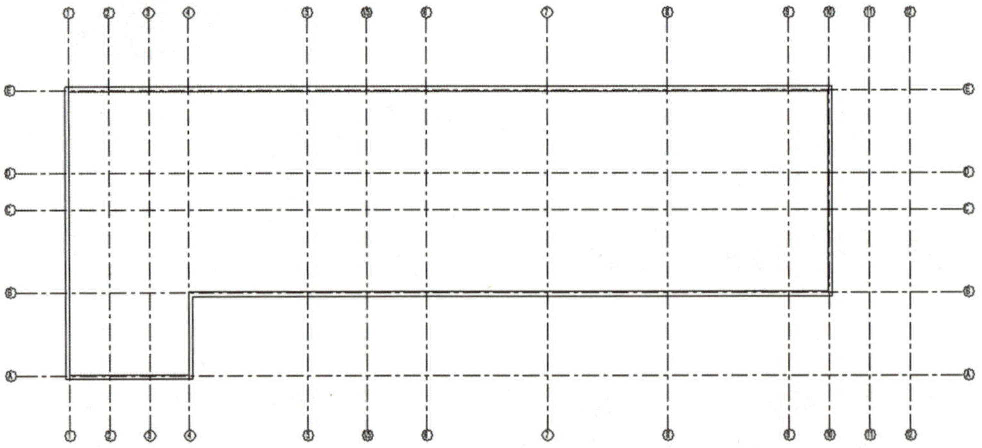

图 3-62　创建女儿墙

　　　·　　　·　　　建筑信息模型（BIM）建模案例教程

任务 14　创建幕墙

选择【墙】指令，并在属性面板中找到【幕墙】指令（图 3-63）。

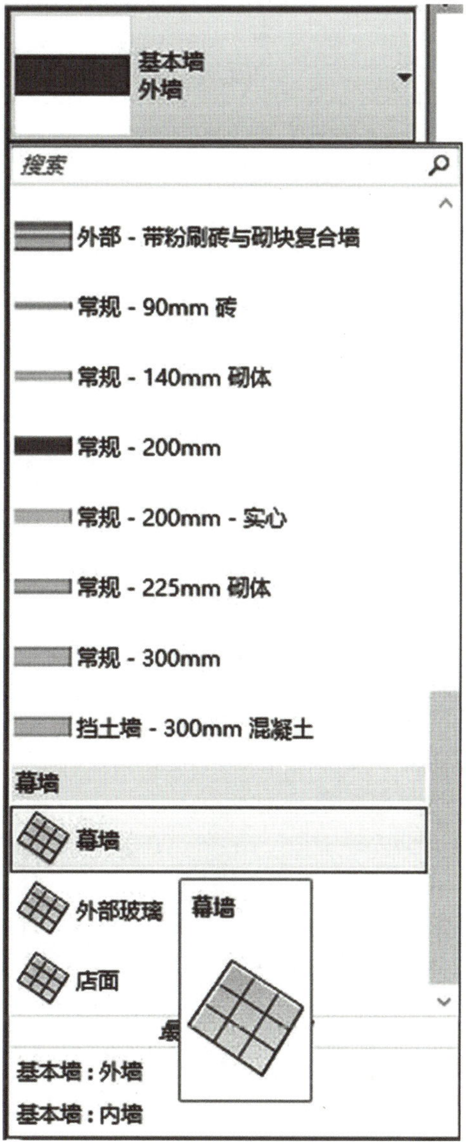

图 3-63　幕墙选项

打开属性面板中的编辑类型，勾选【自动嵌入】（图 3-64）。

在标高一楼层平面中绘制幕墙，【修改高度】，底部约束为一层，顶部约束为二层（图 3-65）。

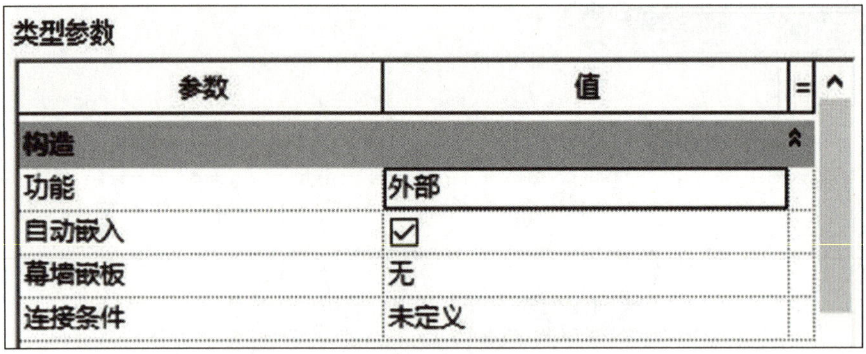

图 3-64 嵌入面板

图 3-65 幕墙属性

　　鼠标左键点击幕墙起始的位置，然后继续点击鼠标左键到结束的位置。幕墙所在墙的地方会自动变成幕墙（图 3-66）。

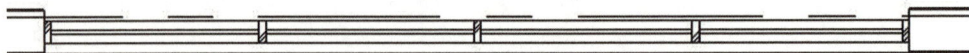

图 3-66 绘制幕墙

将视图切换到南立面，继续创建幕墙网格与竖梃（图 3-67）。

　　·　　　·　　建筑信息模型（BIM）建模案例教程

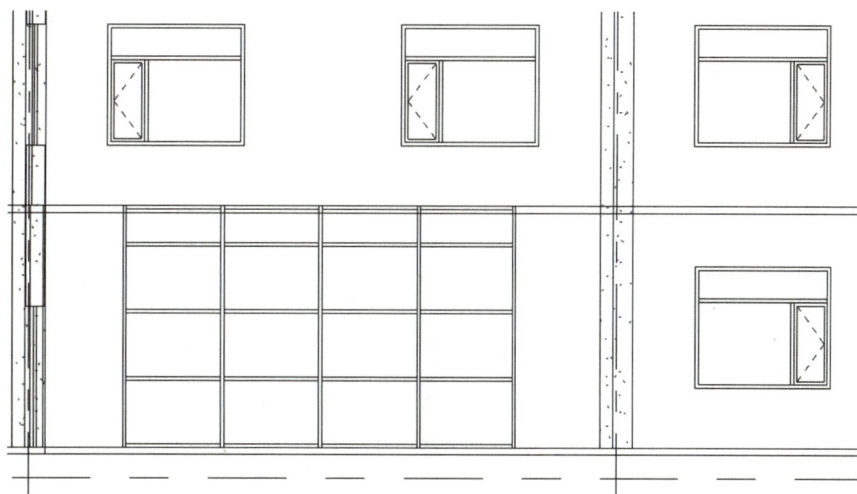

图 3-67　绘制南立面幕墙

在【建筑】选项卡，【构建】面板中选择【幕墙网格】（图 3-68），先确定竖梃的具体位置再绘制竖梃网格。绘制完成后如图 3-69 所示。

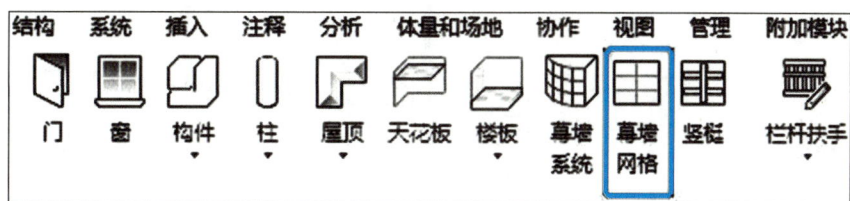

图 3-68　幕墙网格选项

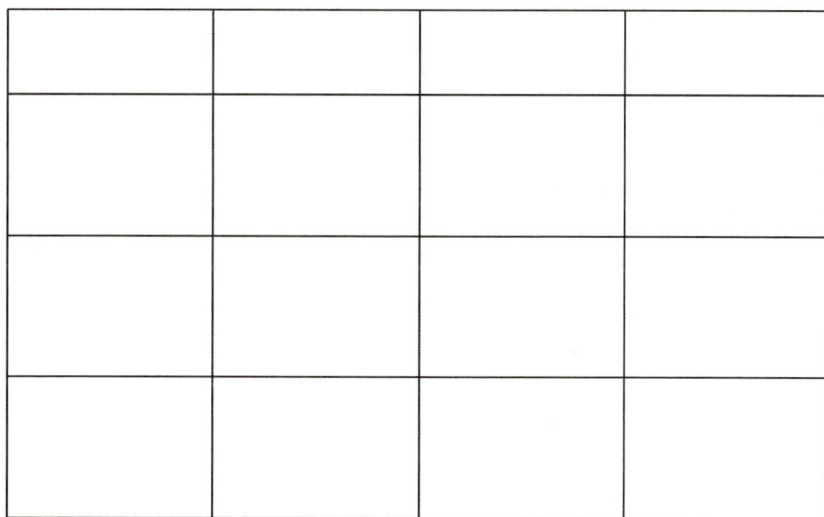

图 3-69　绘制竖梃网格

按照尺寸的多少绘制网格之后，选择【建筑】选项卡中【竖梃】的命令，鼠标点击网格时会自动形成竖梃。绘制完成后如图 3-70 所示。

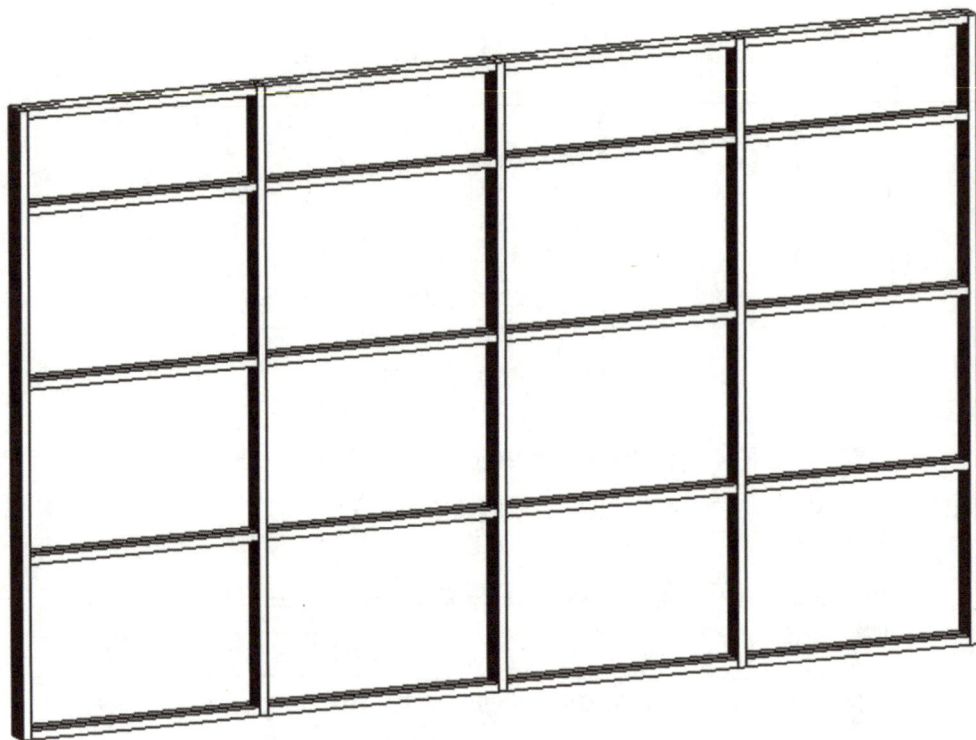

图 3-70　竖梃效果

任务 15　屋顶楼梯间的绘制

屋顶还有个楼梯间，按照之前墙的绘制方法，用【墙】指令绘制出四周的墙（图 3-71）。

然后把之前建造好的"M2"放置在墙上（图 3-72）。

然后使用【屋顶】命令绘制屋顶，向外【偏移】400mm，自标高底部【偏移】3600mm，（图 3-73、图 3-74）。

完成绘制最终如图 3-75 所示。

注意，此处楼梯需要将其修改到【顶部标高】。

建筑信息模型（BIM）建模案例教程

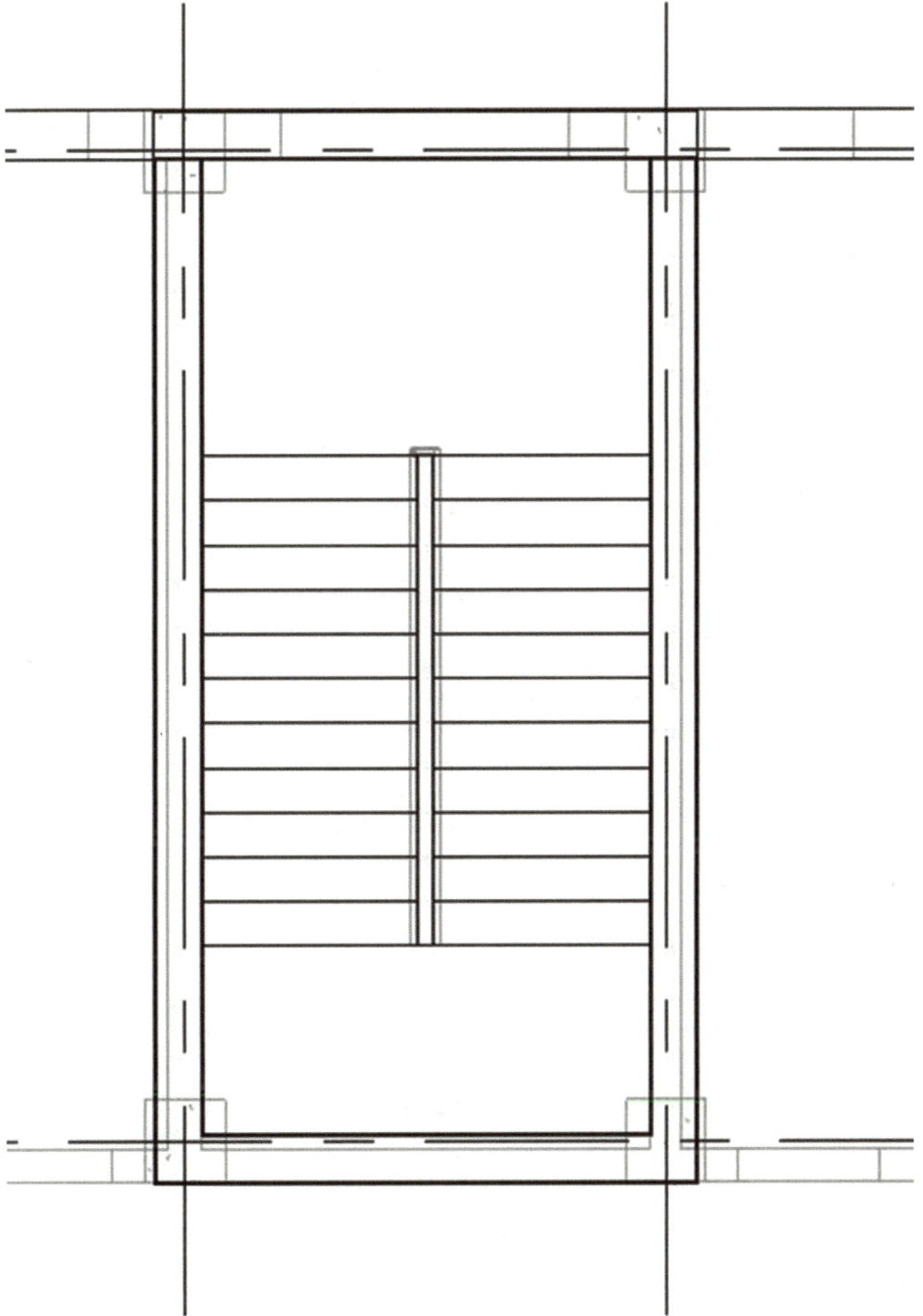

图 3-71 楼梯间墙的绘制

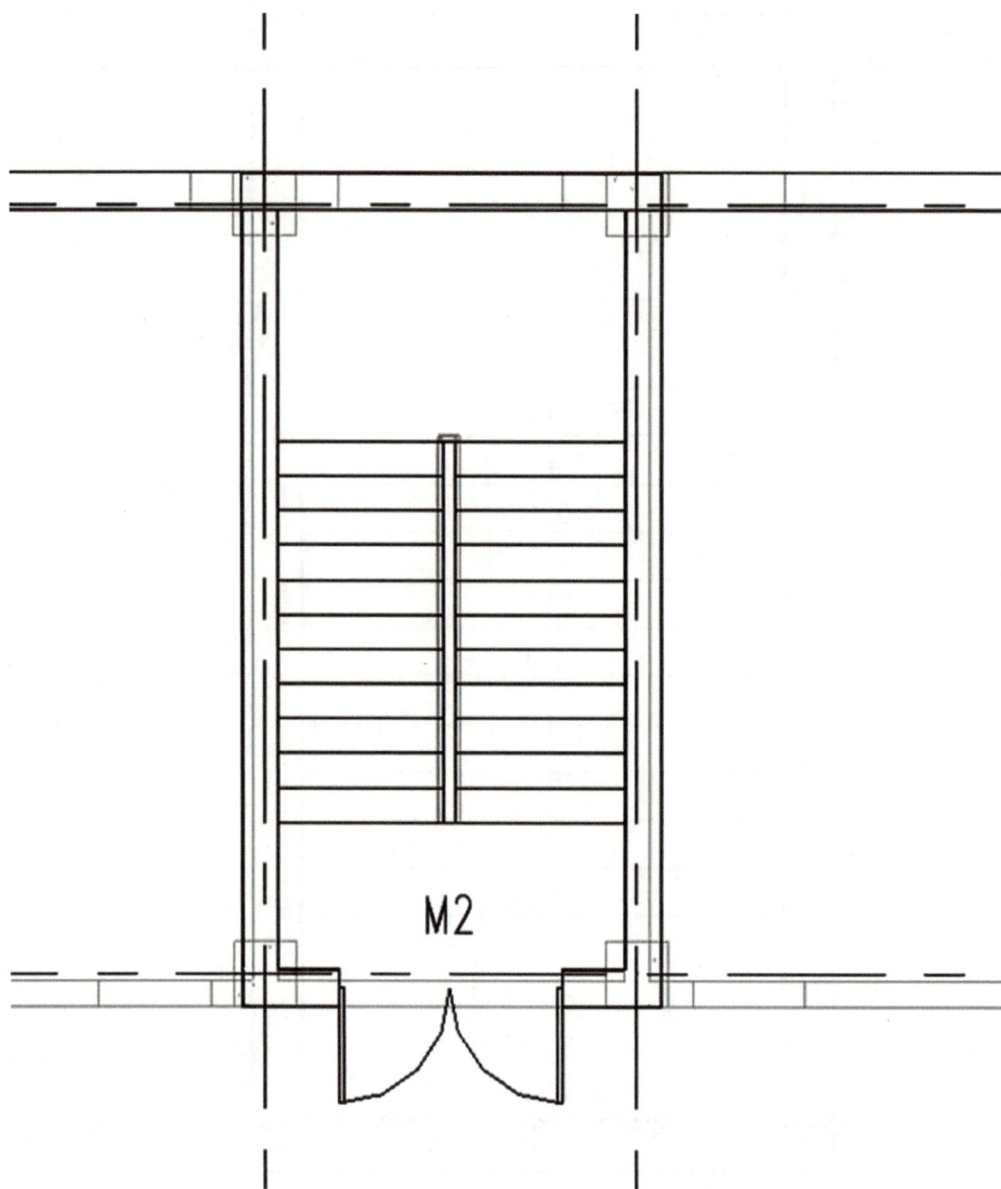

图 3-72　放置门 M2

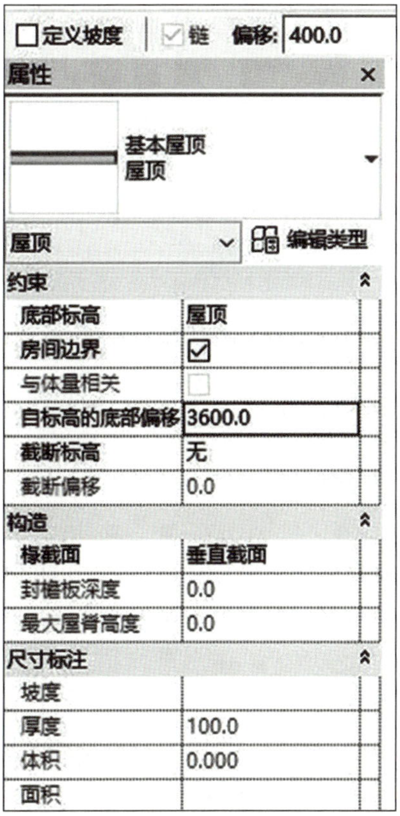

图 3-73 屋顶属性

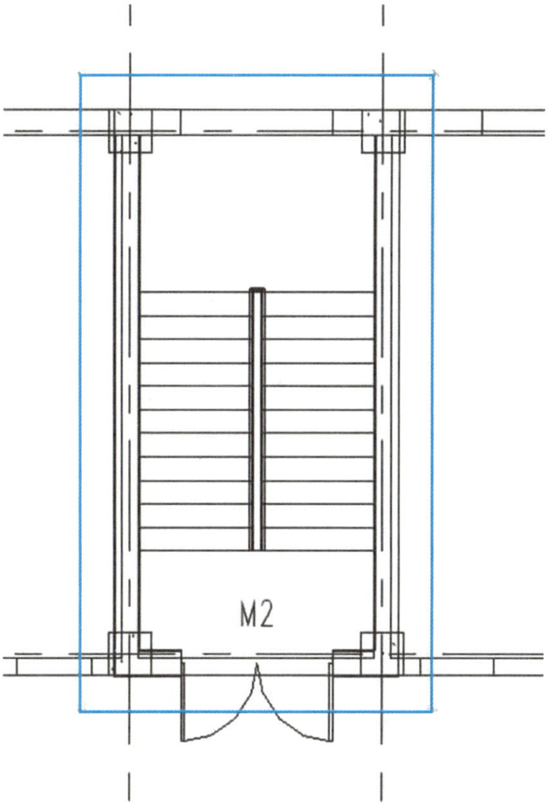

图 3-74 绘制屋顶

图 3-75 三维效果

任务 16 室内构件的绘制

打开标高 1 在【建筑】选项卡中选择【构件】命令（图 3-76）。

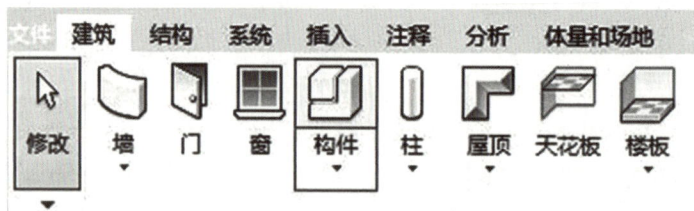

图 3-76 构件选项

点击【编辑类型】命令在类型属性中选择【载入】命令打开【建筑 – 家具 -3D-系统家具 – 办公桌椅组合 3】，如图 3-77 所示。

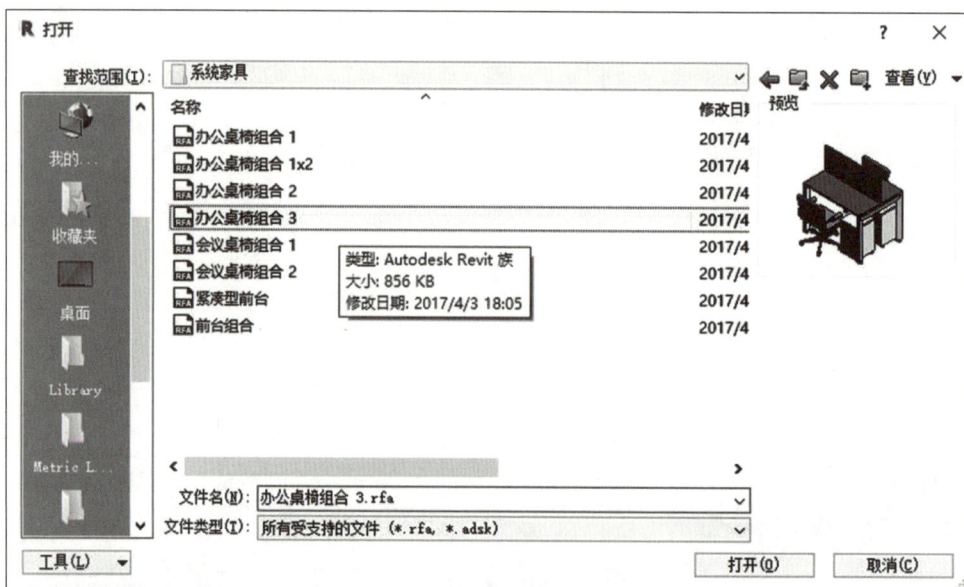

图 3-77 载入文件对话框

点击确定绘制即可，在绘制过程中可以用【空格】改变方向也可以使用【对齐】使它们拼接在一起，如图 3-78、图 3-79 所示。

还可以在【建筑 – 专用设备】中找到饮水机使用同样的方法布置（图 3-80）。

卫生间部分的洗脸盆绘制方法与之相同载入【台式双洗脸盆】点击绘制即可，如图 3-81 所示。

图 3-78　对齐选项

图 3-79　平面效果

图 3-80　饮水机平面图

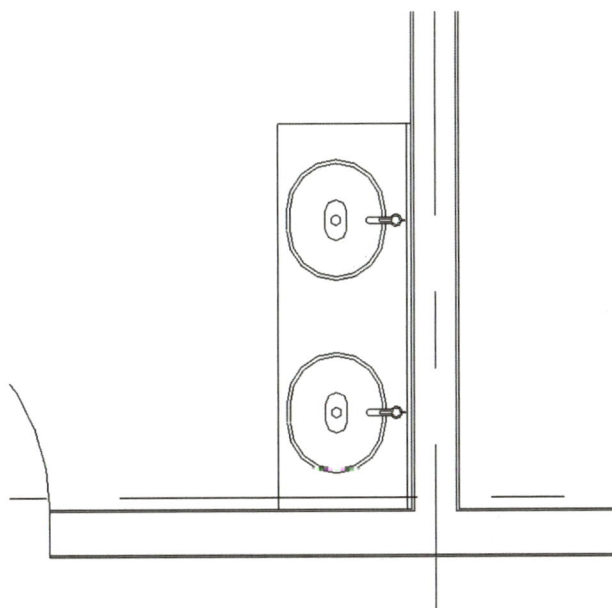

图 3-81　洗脸盆平面图

任务 17　绘制台阶

点击【文件】选项卡，选择【新建】命令，创建【族】。如图 3-82 所示。

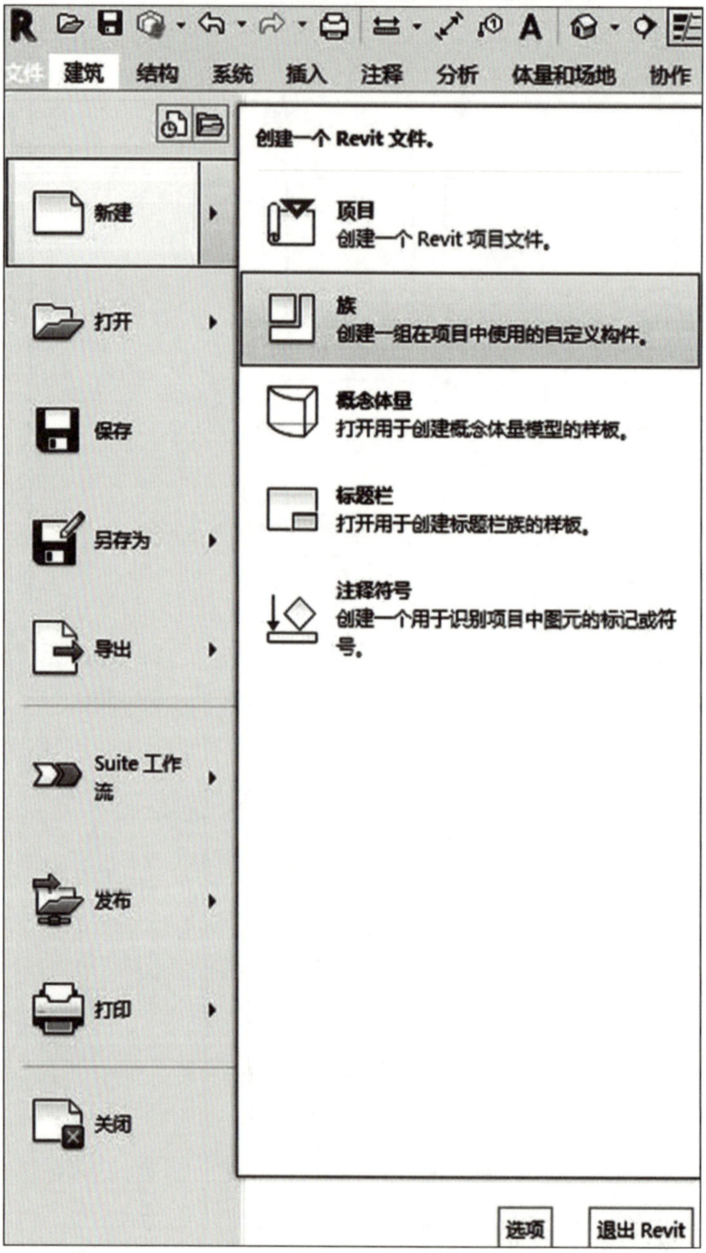

图 3-82　创建族

出现了族库界面，选择公制轮廓族样板，开始绘制台阶轮廓（图 3-83）。

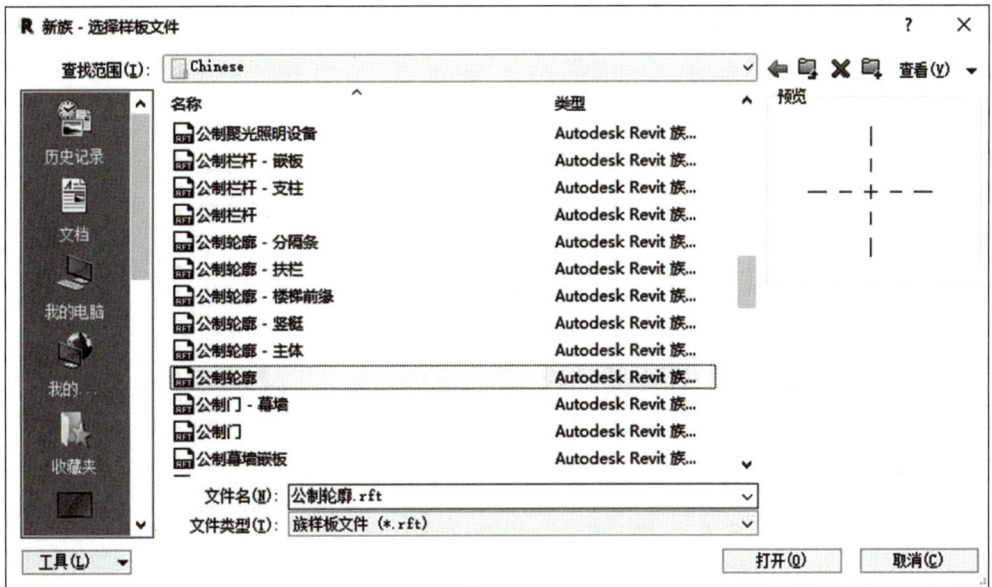

图 3-83　选择公制轮廓族样板

族的创建界面与模型的创建界面有些不同（图 3-84）。

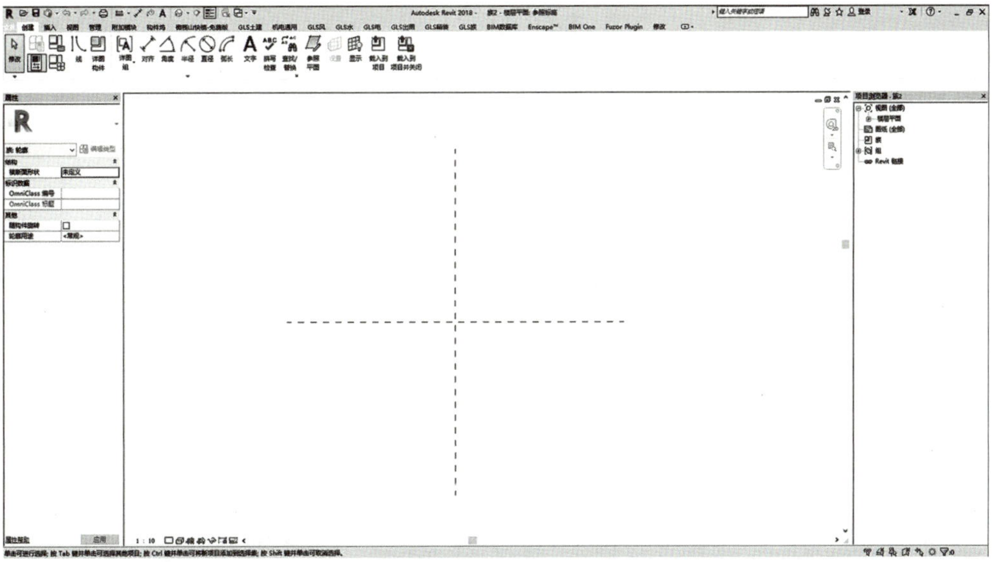

图 3-84　族界面

选择【创建】选项卡面板中的【线】命令，绘制轮廓（图 3-85）。

点击【创建】选项卡族编辑器中的【载入到项目中】（图 3-86）。

或者在办公楼项目中点击【插入】选项卡中的【载入族】命令（图 3-87）。

在楼层平面标高一中创建台阶（图 3-88）。

图 3-85　绘制台阶轮廓

图 3-86　族界面中选择载入到项目选项卡

图 3-87　插入选项

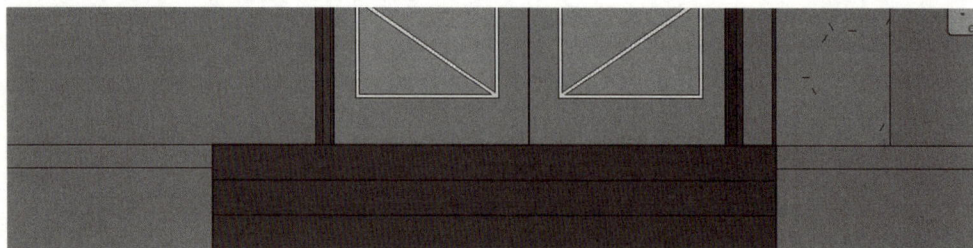

图 3-88　台阶效果

建筑信息模型（BIM）建模案例教程

开始放置台阶，选择【建筑】选项卡中【楼板】命令中的【楼板边】命令（图3-89）。

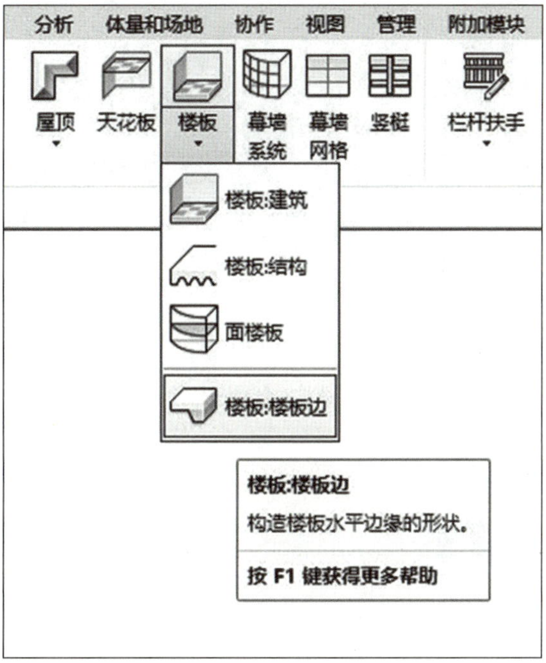

图 3-89　楼板边选项卡

点击【编辑类型】进入【类型属性】面板，把构造中轮廓改为刚刚创建的室外台阶，复制创建台阶如图 3-90 所示。

图 3-90　复制创建台阶

点击刚刚创建的楼板边缘即放置成功（图 3-91）。

图 3-91　台阶三维图

任务 18　创建散水

点击【文件】选项卡，选择【新建】命令，创建【族】，如图 3-92 所示。

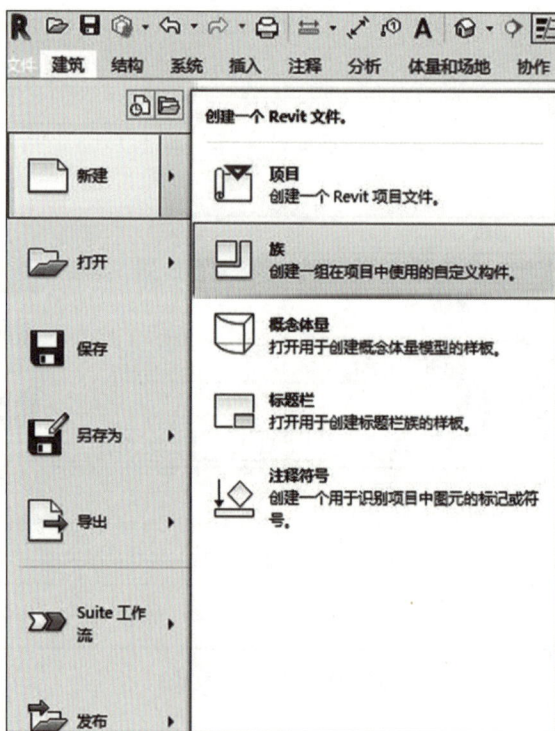

图 3-92　创建族

　　·　　·　　建筑信息模型（BIM）建模案例教程

进入到公制轮廓样板中，画出如下图形，点击【创建】选项卡中的【载入到项目】（图 3-93）。

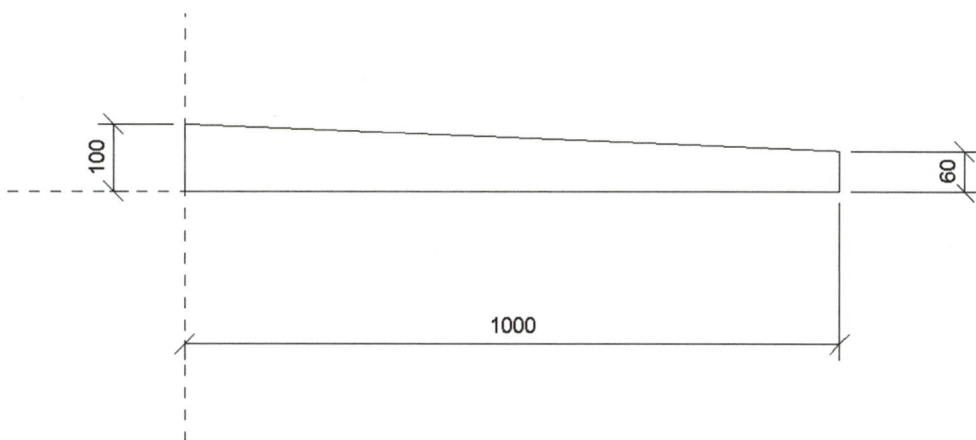

图 3-93　散水轮廓

保存并命名为室外散水

在三维视图中，选择【墙饰条】，并复制创建室外散水（图 3-94）。

图 3-94　散水属性

点击墙体边缘即放置散水（图 3-95）。

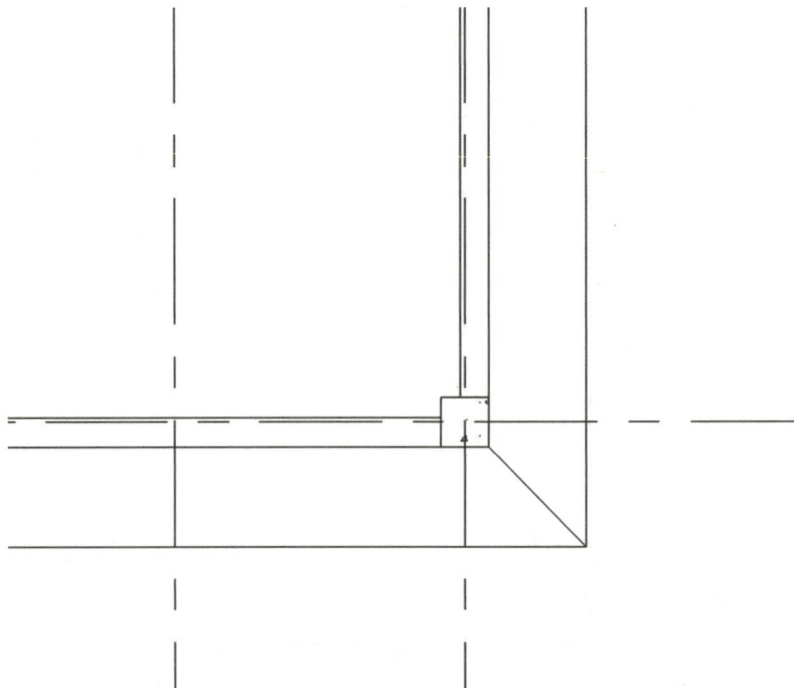

图 3-95　放置散水

室外散水创建成功，创建完成情况如图 3-96 所示。

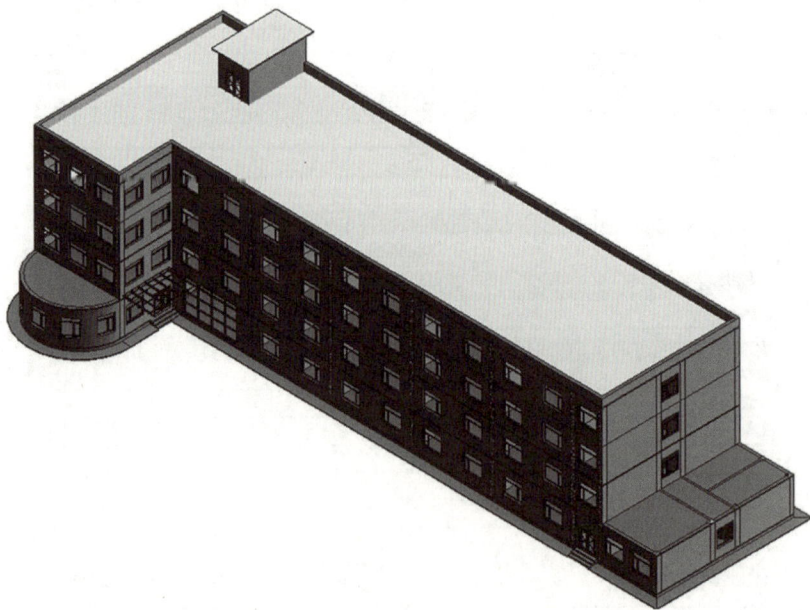

图 3-96　散水效果

建筑信息模型（BIM）建模案例教程

任务 19　场地的绘制

选择项目浏览器中的【场地】选项（图 3-97）。

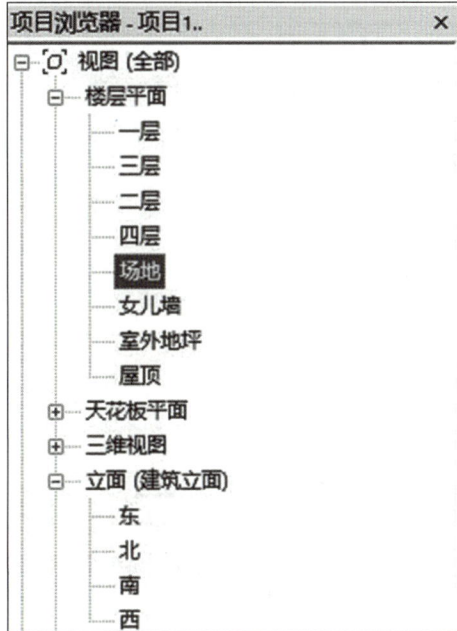

图 3-97　场地选项

选择【体量和场地】选项卡中的【地形表面】命令，如图 3-98 所示。

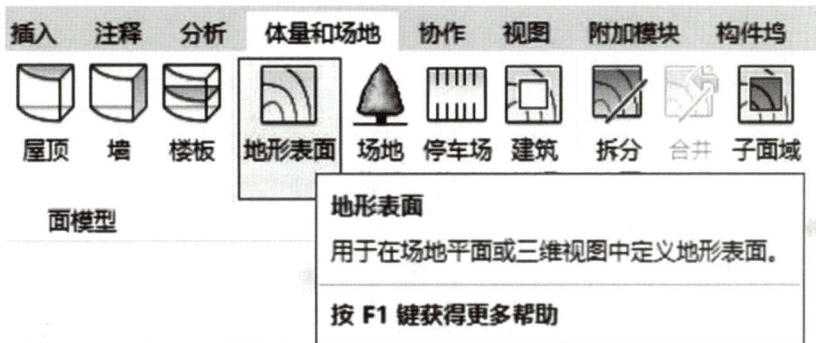

图 3-98　地形表面命令

然后可以看见【放置点】的命令，图形放置之前可以画【参照平面】来辅助放置点（图 3-99）。

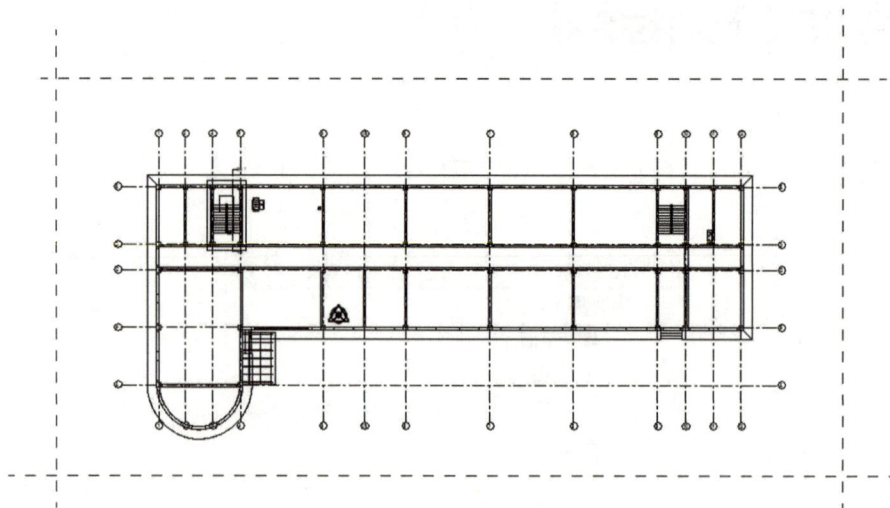

图 3-99　绘制参照平面

选择【放置点】，如图 3-100 所示。

图 3-100　放置点命令

然后在交点处放置点（图 3-101）。

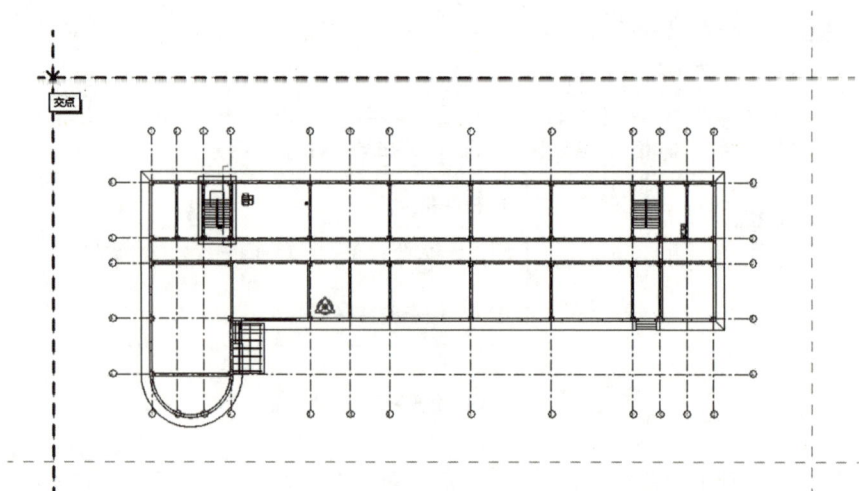

图 3-101　地面绘制

　·　　　·　　　建筑信息模型（BIM）建模案例教程

4 个点选择完成后点击完成就可自动生成地面，如图 3-102 所示。

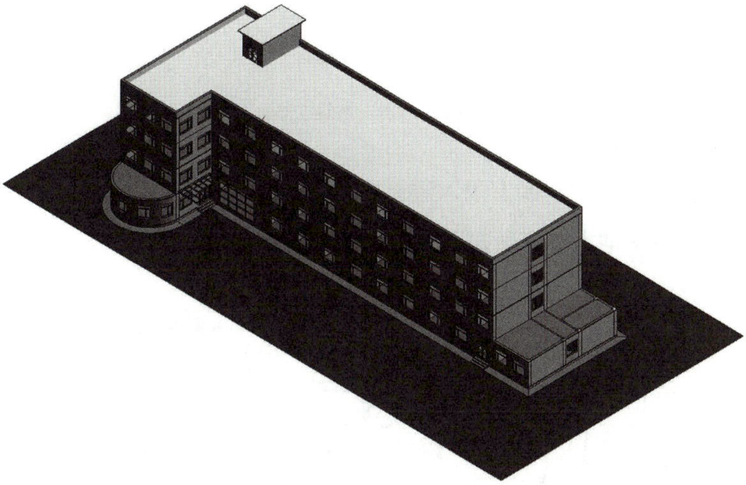

图 3-102　地面效果

最后需要修改一下 4 个点的立面，选择 4 个点修改标高为 −450（图 3-103）。

图 3-103　地面参数属性对话框

修改完成后场地就被调整到了室外地坪的位置（图 3-104）。

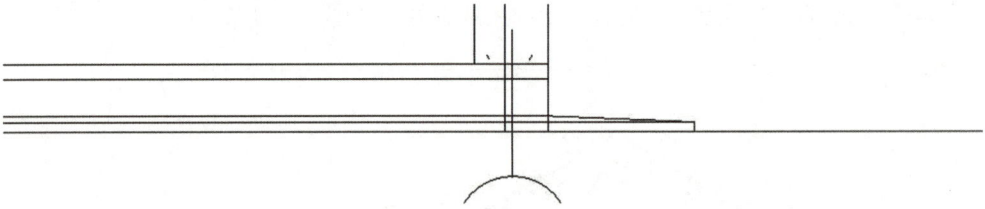

图 3-104 地坪立面

在场地的构建选项中选择【载入建筑场地】→【体育设施选择】→【体育场选择】→【篮球场】，单击地点选在所需要的位置即可（图3-105）。

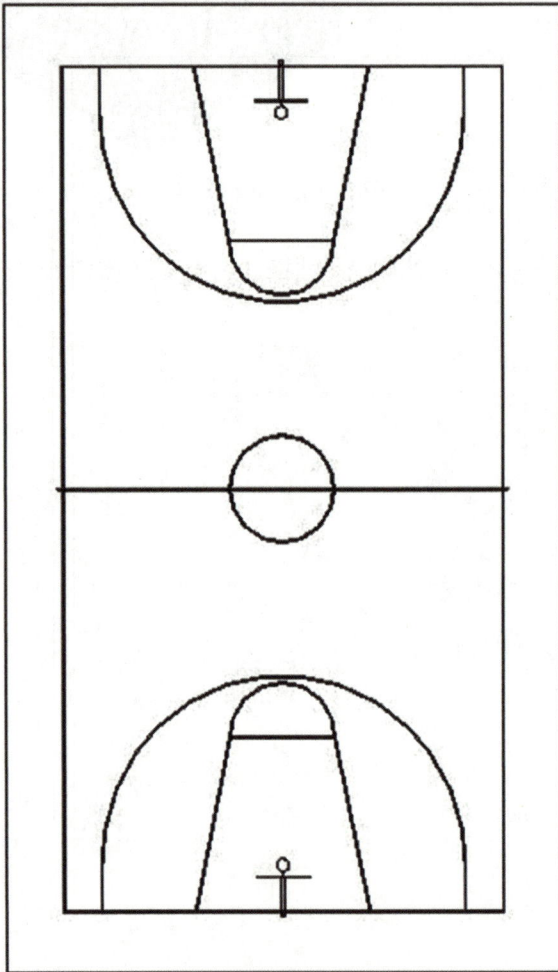

图 3-105   操场平面

放置树木的方法与放置体育场的方法相同，先把我们所需要放置的模型载入到项目当中，然后进行放置。

· · 建筑信息模型（BIM）建模案例教程

項目四
族和体量

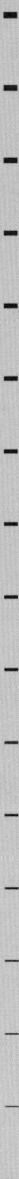

通过本项目的学习，要求学生理解并掌握 Revit 族的几种基本命令的使用方法，通过族编辑器更改尺寸、材质以及其他参数变量，在 Revit 中，族是其核心，它贯穿所有的建筑设计项目。做的越多，累积的族越多，效率提高得越快。一个族可以无限次使用在任何需要的地方。

了解并掌握体量的基本信息、创建方式，为体量赋予材质、尺寸以及其他数据参数，方便对体量模型进行参数化控制。

能力目标

（1）掌握 BIM 的基本概念及相关理论，熟悉建设项目全过程的 BIM 应用，培养学生运用 BIM 软件解决基本工程问题的能力。

（2）掌握拉伸、融合、旋转、放样、放样融合5种命令。

（3）掌握添加族参数，改变族参数，关联族参数的命令。

（4）掌握正确方式为族创建实例参数，保存所做的修改并将族载入到项目中。

（5）掌握内建体量和可载入体量的相关理论及创建方法，对比两种创建方式的不同。分析判断出与工程项目更适用的方式方法。

（6）利用点、线来创建实心与空心体量模型，并添加参数，以及使用 UV 网格分割和相交分割进行有理化表面处理。

（7）举例两个模型，掌握正确细致的体量创建步骤，利用实际模型锻炼软件操作的能力。

（8）通过将计划的建筑体量与分区外围和楼层面积比率进行关联，可视化和数字化研究分区遵从性。

```
                                                        按图元特性
                                                        族样板
                                                        标题栏类
                                         Revit族概述     注释类
                                                        三维构建类
                                                        特殊构件类
                                                        族定位

                                                        拉伸
                                                        融合
                                                        放样
                                         族创建工具       放样融合
                                                        旋转
                                                        空心形状
                                                        实心形状转换

                                                        几何参数
                                         族参数           材质参数
                                                        其他参数

                                                                        新建族
                                                                        绘制参照平面
                                                                        创建基本形状
                                                        三维构件族创建实例    添加水管及接线口
                                                                        绘制电气接口
                                                                        添加符号与连接件
                                                                        关联材质及尺寸参数
                                         族创建实例
  项目四 族和体量                                        符号族创建实例
                                                                        创建轮廓族
                                                        轮廓族创建实例      轮廓族使用
                                                                        新建RPC族
                                                        RPC族创建实例      新建样式

                                                        内建体量
                                         概念体量环境      可载入体量
                                                        两种创建方式的区别
                                                        体量与参数化族的关系

                                                                        参照线
                                                                        参照点
                                                        创建体量形状       模型线与实心形状
                                                                        空心形状
                                         体量创建
                                                                                   UV网格分割
                                                                        有理化表面处理
                                                                                   添加表面填充图案
                                                        体量参数
                                                                        相交分割表面

                                                        某电视塔
                                         体量创建案例      体量大厦

                                                        体量楼层
                                                        面墙
                                         体量在项目中的应用  幕墙系统
                                                        面屋顶
                                                        体量分析
```

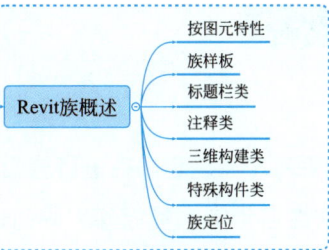

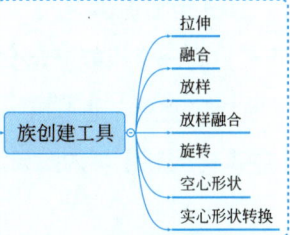

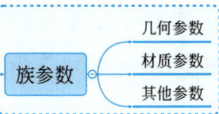

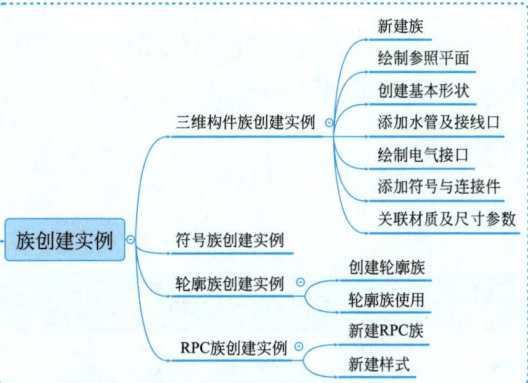

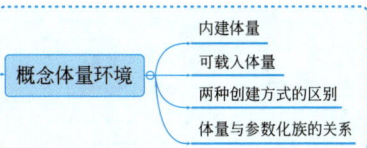

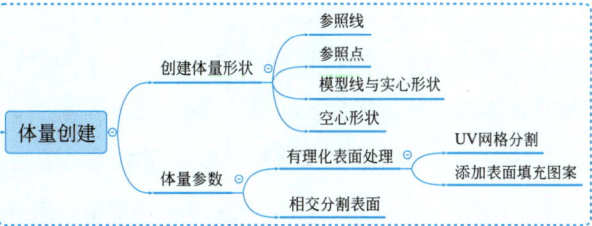

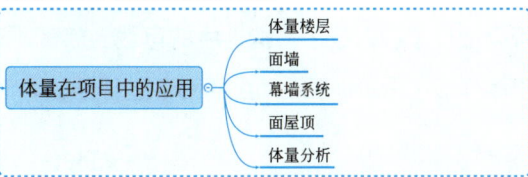

任务1 Revit 族概述

Revit 中的所有图元都需基于族创建。在进行族设计时，可以赋予不同类型的参数，便于在设计时使用。软件自带丰富的族库，同时也提供了新建族的功能，可根据实际需要自定义参数化图元，为设计师提供更灵活的解决方案。在 Revit 中，族（Family）是构成项目的基本元素。同一个族能够定义为多种不同的类型，每种类型可以具有不同的尺寸、材质或其他参数变量，通过族编辑器，不需要编程语言，就可以创建参数化构件。基于【族】中【样板族】可为图元添加各种参数，如距离、材质、可见性等。

族是制约 BIM 发展的一大瓶颈，使用时经常需要软件自带的标准构件，同时在 Revit 建模时，不同应用深度对族的精细程度要求不同；掌握族的创建方法有助于对项目进行精细化设计。

族的分类：常见的族主要按使用方式和图元类别两种方式来进行分类。

按使用方式：按族的使用方式不同分为系统族、可载入族以及内建族 3 个类别，如表 4-1 所示。

族类别分类表 表 4-1

族类别	创建方式	传递方式	示 例
系统族	样板自带，不能新建	可在项目间传递	墙族：基本墙、叠层墙、幕墙、楼板、天花板、屋顶
可载入族	基于族样板创建	通过构件库载入	门、窗、柱、基础
内建族	在当前项目中创建	仅限当前项目使用	当前项目特有的异形构件

系统族是在 Revit 项目样板中定义的族，不同样板的系统族有所不同。例如，建筑样板中墙体的系统族包含基本墙、叠层墙和幕墙共 3 个类别；在建模时可以复制和修改现有系统族，但不能创建新系统族。在编辑系统族时，【载入】功能显示为灰色，不能使用，如图 4-1 所示，但系统族可将项目标准在不同项目中传递。

可载入族是构件库中的图元，在不同项目样板中包含有不同的构件，例如，建筑样板中默认载入了门窗、幕墙、竖梃等图元，结构样板中默认载入了钢筋形状图元。建模时，可以通过【载入族】将构件中的可载入族载入项目中使用，如图 4-2 所示；也可以基于族样板（Family Templates）进行创建，然后载入族或项目中使用。

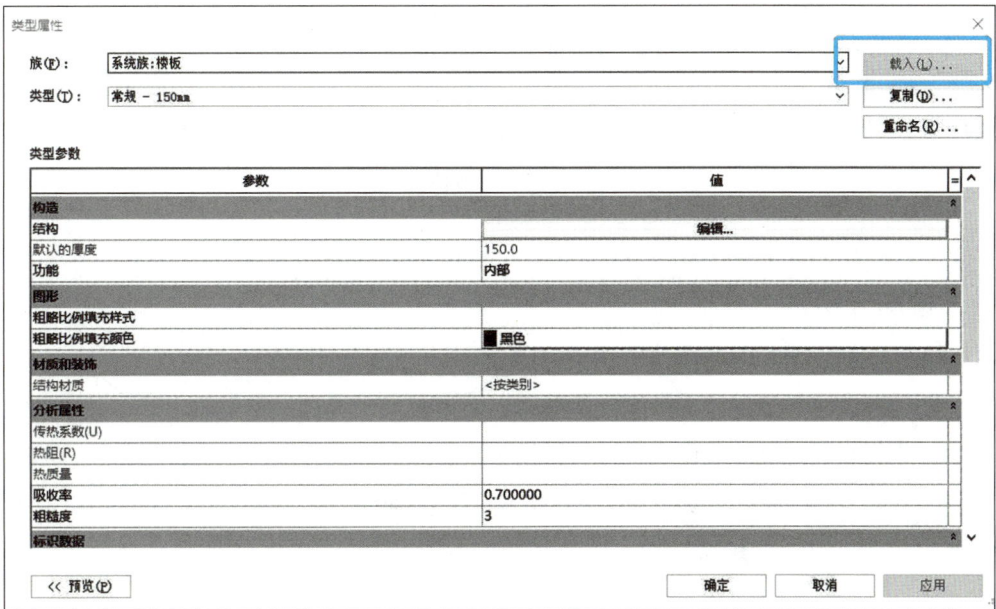

图 4-1　系统族不可载入

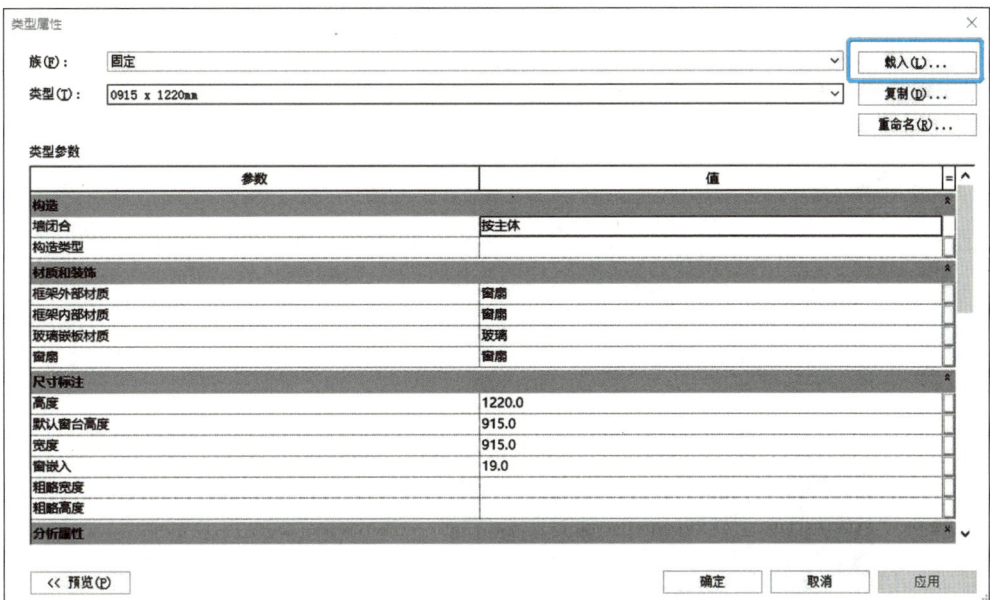

图 4-2　可载入族

　　内建族是在特定项目中使用的族，只能通过【构件】工具下拉菜单中的【内建模型】进行创建，如图 4-3 所示，不能在其他项目中进行使用；内建族常用于当前项目特有图元的建模，例如室外台阶、散水、集水坑等。内建族的创建方式与外建族的方式相似，本项目将以外建族的创建方式来进行讲解。

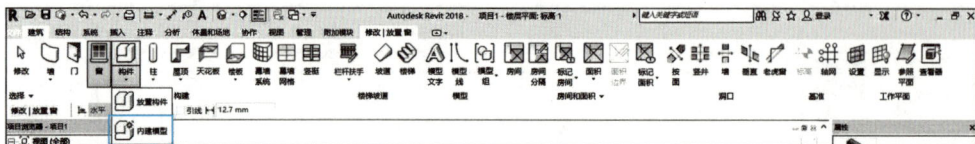

图 4-3　内建族

按图元特性

族按照图元特性分为模型类、基准类、视图类 3 个类别。模型类主要是指三维构件族，例如常见的墙、门窗、楼梯、屋顶等；基准类主要是指用于定位的图元，包括轴网、标高、参照线等；视图类是指在特定视图使用的一些二维图元，例如文字注释、尺寸标注、详图线、填充图案等。

族样板

在 Revit 中新建族与新建项目一样，均需基于样板来进行创建，族样板是创建族的初始状态，选择合适的样板会极大提升创建族的效率（图 4-4）。

标题栏类

标题栏族样板主要用于创建图框，包含 A0、A1、A2、A3、A4 5 种图幅的图框尺寸，可以基于此类样板创建自定义的图纸图框。

图 4-4　族样板

　　建筑信息模型（BIM）建模案例教程

注释类

注释类族样板主要用于创建平面标注的标签符号图元，例如构件标记、详图符号等。

三维构件类

（1）常规三维构件

常规三维构件族样板用于创建相对独立的构件类型，例如公制常规模型、公制家具、公制结构柱等。

（2）基于主体的三维构件

基于主体的三维构件族主要用于创建有约束关系的构件类型。主体包含墙、楼板、天花板等，例如公制门、公制窗均是基于墙进行创建。

特殊构件类

（1）自适应构件

自适应族样板提供了一个更自由的建模方式，创建的图元可根据附着的主体生成不同的实例，例如不规则的幕墙嵌板可采用自适应构件进行创建。

（2）RPC 族

RPC 族样板可将二维平面图元与渲染的图片结合，生成虚拟的三维模型，模型形式状态与视图的显示状态有关，如图 4-5 所示。

(a) 着色模式   (b) 真实模式

图 4-5　RPC 族实例

族定位

在建族时可通过参照平面进行定位，X、Y、Z 3 个方向的参照平面即可确定族的放置位置。首先，通过公制常规模型样板新建一个族，如图 4-6 所示。

样板中已经创建了中心（前/后）、中心（左/右）与参照标高重合的 3 个参照平面。接下来，在【创建】选项卡的【基准】面板中选择【参照平面】命令，如图 4-7 所示，在弹出的绘制面板中通过工具绘制 4 个参照平面，创建完成的参照平面如图 4-8 所示。

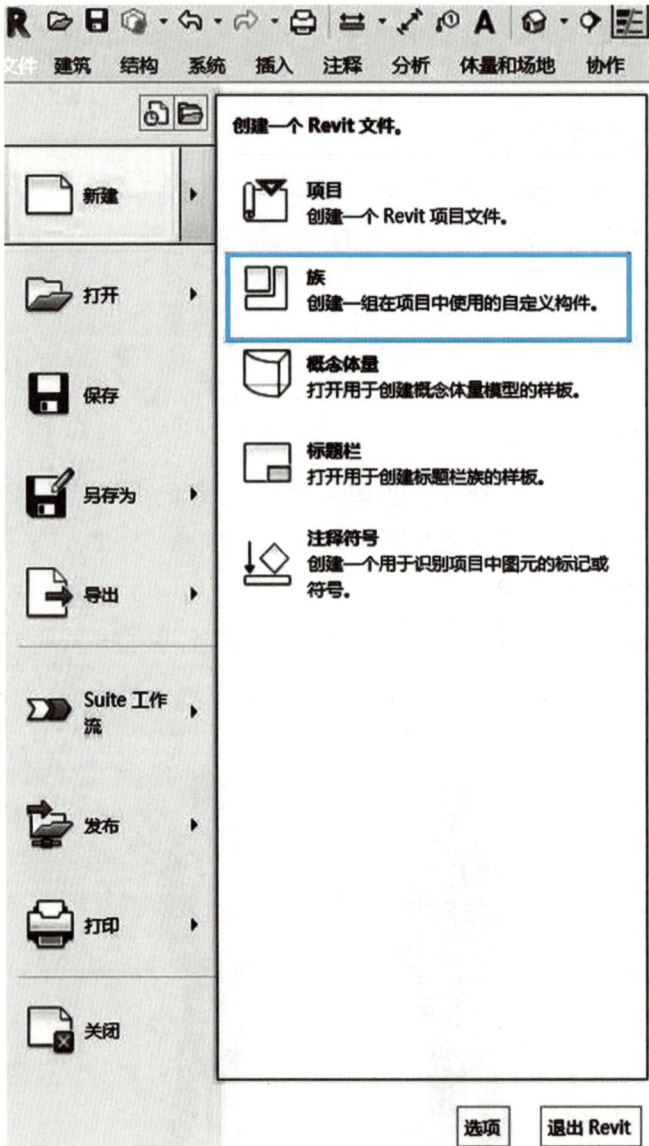

图 4-6　新建族

　　·　　　　·　　　　建筑信息模型（BIM）建模案例教程

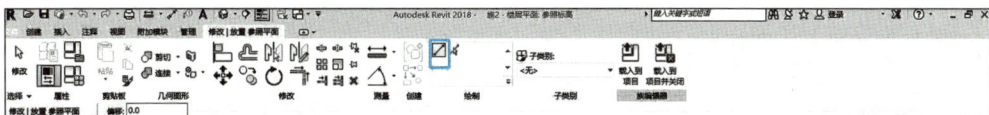

图 4-7　新建参照平面

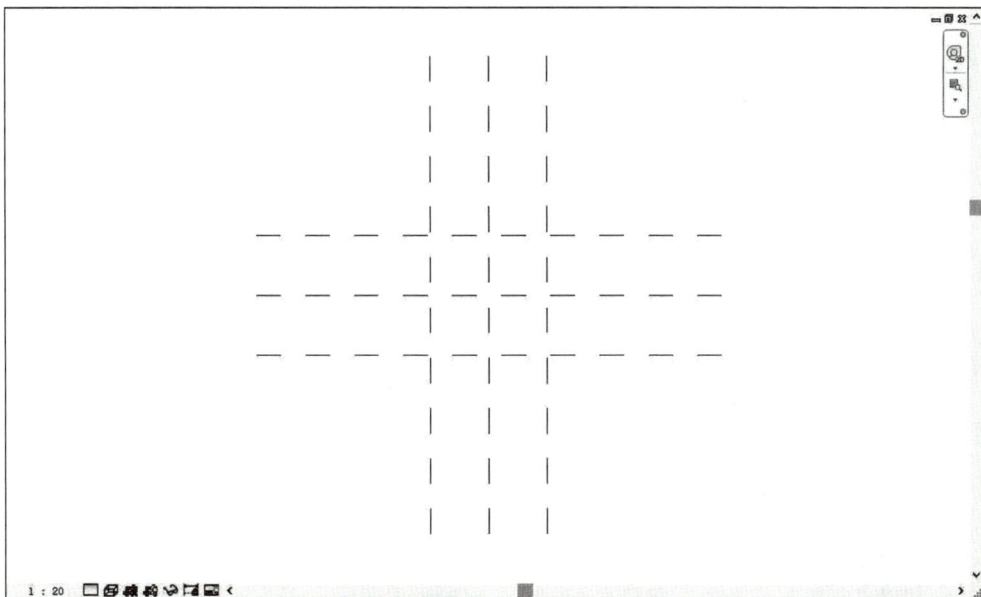

图 4-8　参照平面创建完成

在【创建】选项卡的【形状】面板中单击【拉伸】按钮，创建一个简单的几何形状，并单击 按钮将形状的边界与参照平面锁定（图 4-9）。

单击 按钮完成几何形状的创建，选中样板中自带的两个参照平面：中心（前／后）、中心（左／右），此时可以看到，属性栏的"其他"面板中定义原点显示为 ☑（图 4-10）；同样选中新建的 4 个参照平面，此位置属性显示为 □（图 4-11）；表示中心（前／后）与中心（左／右）两个参照平面的相交位置为当前族放置的基点。

(a) 拉伸命令

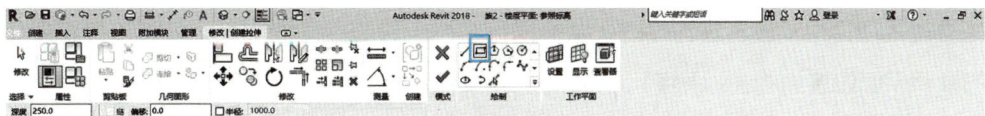

(b) 矩形绘制工具

图 4-9　创建几何形状（一）

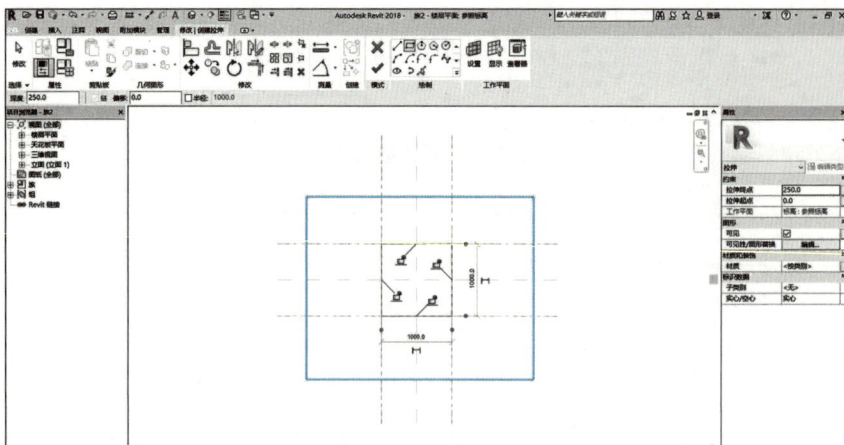

(c) 绘制模型线

图 4-9　创建几何形状（二）

图 4-10　定义原点

图 4-11　非定义原点

在【修改】选项卡的【族编辑器】面板中通过【载入到项目】命令（图 4-12），将族载入项目中，放置族构件时，鼠标光标将位于参照平面的交点。同样可以将新建的参照平面设置为"定义原点"，放置时的基准点也会发生相应的改变，需要注意的是，平行的若干个参照平面只能有一个平面被定义为原点，指定新的平面为原点，上一个被定义为原点的参照平面将自动取消。

　　　·　　　　·　　　　建筑信息模型（BIM）建模案例教程

图 4-12　载入到项目

任务 2　族创建工具

Revit 提供 5 种创建实心、空心形状的方式，分别为拉伸、融合、旋转、放样、放样融合（图 4-13）。配合这 5 种基本工具可创建出复杂的族类型，本任务主要介绍这 5 种工具创建模型的基本原理。

图 4-13　族创建基本工具

拉伸

拉伸可以基于平面内的闭合轮廓沿垂直于该平面方向创建几何形状，确定几何形状的要素包括拉伸起点、拉伸终点、拉伸轮廓、基准平面。切换至"参照标高"平面，在【创建】选项卡的【形状】面板中单击【拉伸】按钮，在【修改 | 创建拉伸】选项卡中选择适当的工具绘制轮廓（图 4-14）。

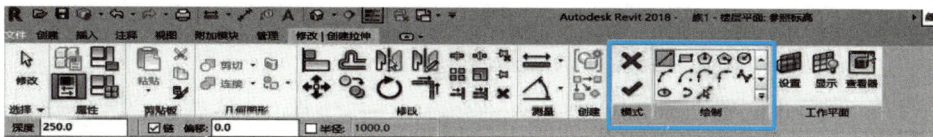

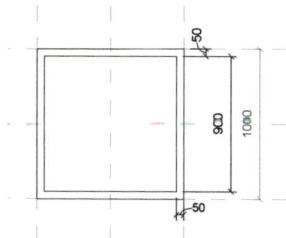

图 4-14　创建拉伸轮廓

在属性栏中设置拉伸起点为"-300"、拉伸终点为"300"（图4-15），单击【模式】面板中的 ✔ 按钮完成拉伸，切换至三维视图中查看模型（图4-16）。

图4-15　设置拉伸端点

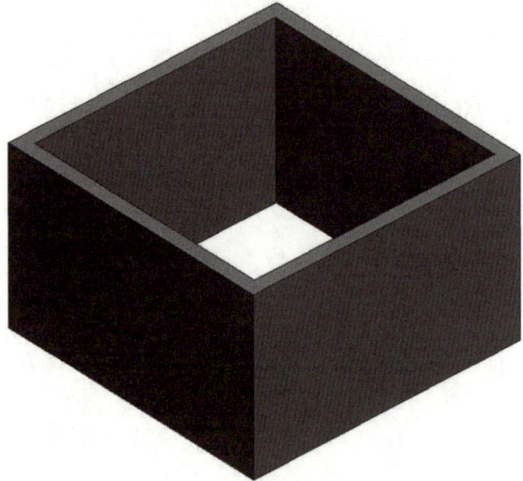

图4-16　完成拉伸

融合

融合是在两个平行的平面分别创建不同的封闭轮廓形成三维模型，融合的要素包括平行且不在同一平面的两个封闭轮廓。同样，切换至参照标高，在【创建】选项卡的【形状】面板中单击【融合】按钮，在【修改 | 创建融合】选项卡中选择多边形工具按钮 ⬡ 绘制底部轮廓，此时可以看到完成按钮显示为灰色，单击【编辑顶部】按钮，选择椭圆按钮 ⬭ ，绘制顶部轮廓（图4-17）。

接下来，在属性栏修改第二端点（即顶部轮廓）为"300"，第一端点（即底部轮廓）为0，单击完成按钮 ✔ ，生成三维模型（图4-18），切换至三维视图查看。

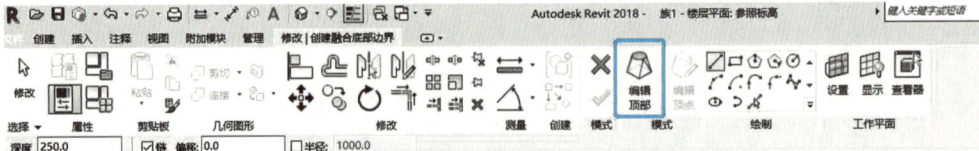

图4-17　编辑顶部

建筑信息模型（BIM）建模案例教程

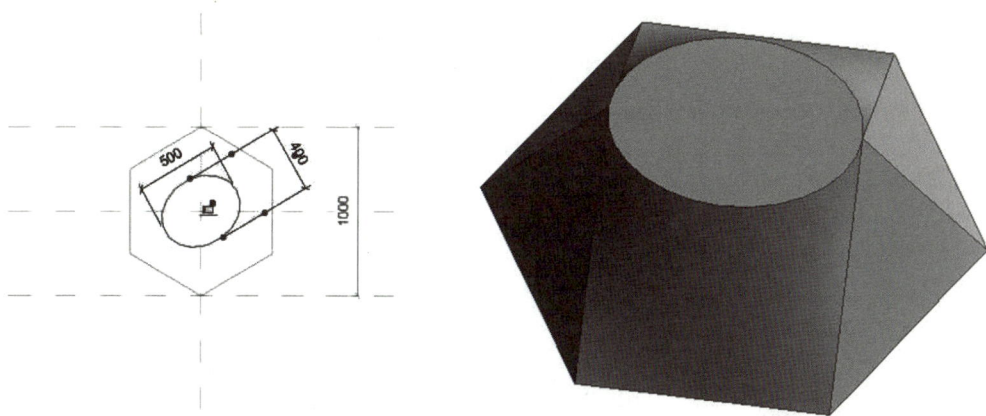

图 4-18　融合生成三维模型

放样

放样是通过闭合的平面轮廓按照连续的放样路径生成三维模型的建模方式。

切换至参照标高，在【创建】选项卡的【形状】面板中单击【放样】按钮，在【修改 | 创建放样】选项卡中提供了两种路径创建方式：绘制路径和拾取路径，并且轮廓为灰色，无法编辑。如图 4-19 所示，绘制路径主要用于创建二维路径，拾取路径可基于已有图元创建三维路径。

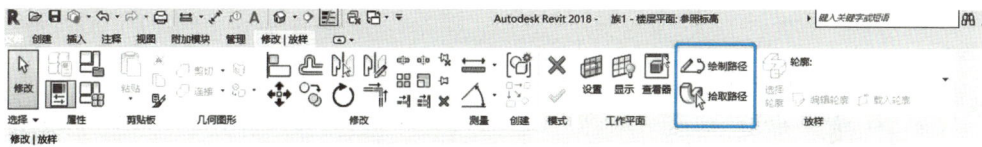

图 4-19　放样路径

选择绘制路径，在【修改 | 放样】→【绘制路径】选项卡中单击 按钮绘制样条曲线，绘制完成后单击 按钮，完成路径创建；此时编辑轮廓为高亮显示，单击【编辑轮廓】按钮，弹出"转到视图"对话框，选择【三维视图】，单击【打开视图】按钮（图4-20）。

基于放样中心点绘制放样轮廓（图4-21），单击 按钮完成轮廓绘制，再次单击 按钮完成放样形状（图4-22）。

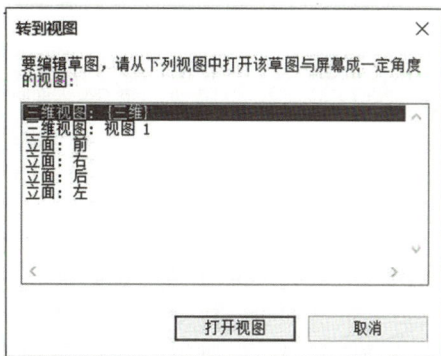

图 4-20　转到视图

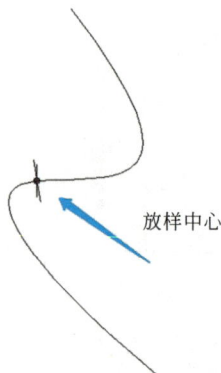

图 4-21　绘制轮廓

图 4-22　放样完成

需要注意的是，在放样时，轮廓与路径必须满足一定的几何约束条件，否则会弹出不能忽略的错误报告，无法生成几何形状。

放样融合

顾名思义，放样融合结合了放样与融合的特点，可以将两个不在同一平面的形状按照指定的路径生成三维模型。在【创建】选项卡的【形状】面板中单击【放样】按钮，在【修改｜放样融合】选项卡中可以看到绘制路径、选择轮廓 1、选择轮廓 2 等选项，依次创建路径、起点轮廓、终点轮廓，单击 ✔ 按钮完成放样融合，如图 4-23 所示，完成后如图 4-24 所示。

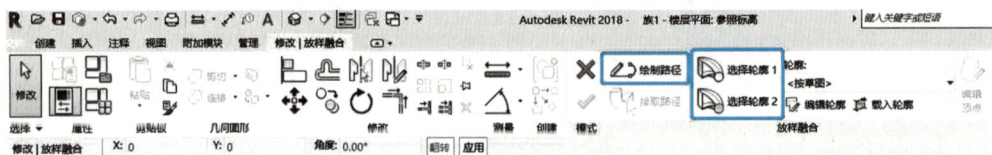

图 4-23　创建放样融合

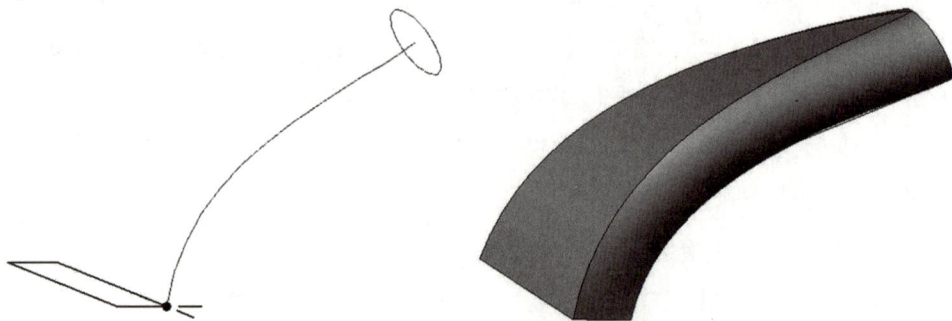

图 4-24　完成放样融合

建筑信息模型（BIM）建模案例教程

旋转

旋转工具可使闭合轮廓绕旋转轴旋转一定角度生成三维模型。旋转的要素主要为旋转轴和旋转边界（图 4-25）。在【修改 | 创建旋转】选项卡中有绘制边界线及绘制轴线的工具，绘制完成后，在属性栏中设置旋转角度为 300°，单击 ✔ 按钮完成旋转（图 4-26）。

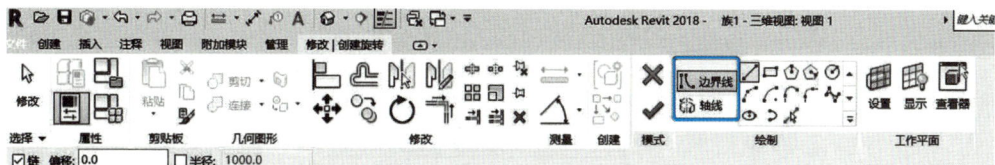

图 4-25　旋转轴线与边界线

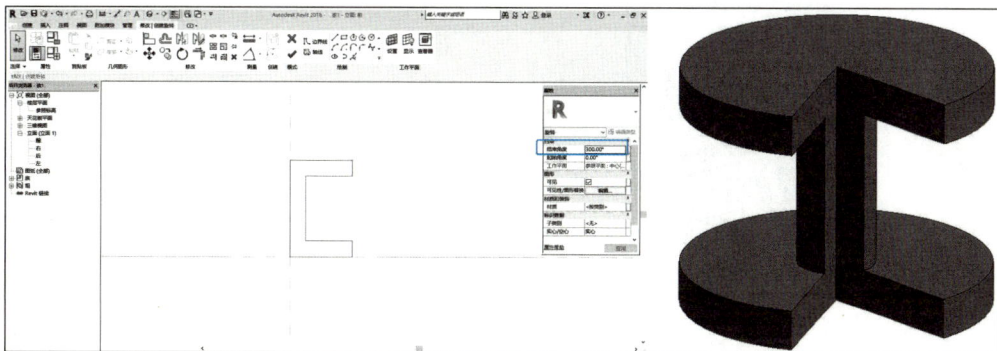

图 4-26　创建旋转

空心形状

除了创建实心形状，Revit 还提供了 5 种空心形状的创建工具（图 4-27）：空心拉伸、空心融合、空心旋转、空心放样和空心放样融合，创建方法与实心类似。首先通过【拉伸】命令新建一个 5000mm×5000mm×5000mm 的实心模型，在【创建】选项卡的【工作平面】面板中单击【显示】按钮，显示当前的工作平面，如图 4-28 所示。

将工作平面设置到其他平面后，创建空心拉伸，设置拉伸起点为 0，拉伸终点为 2000mm，单击 ✔ 按钮完成空心形状创建，可以看到空心形状已对实心形状进行了剪切（图 4-29）。

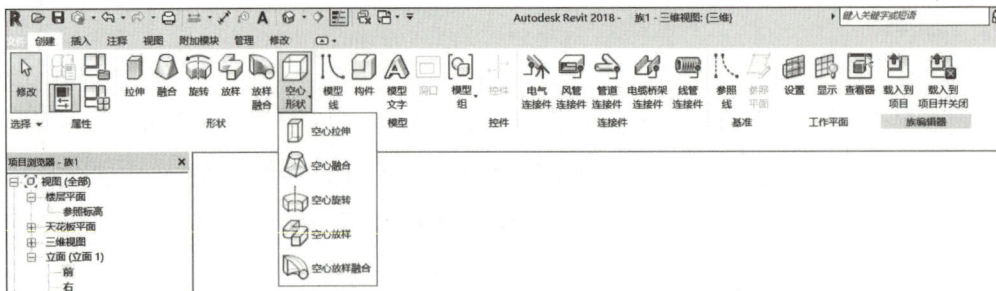

图 4-27　空心形状创建工具

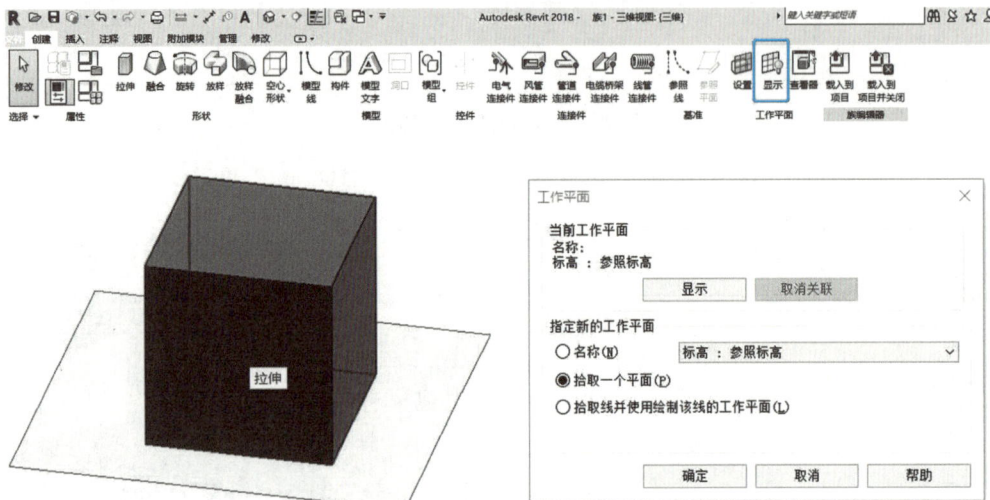

图 4-28　设置工作平面

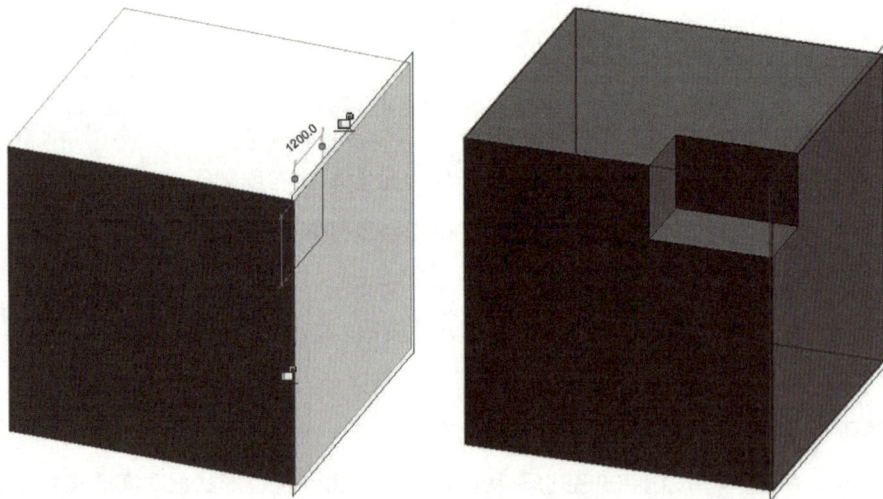

图 4-29　创建空心剪切

　　　　　　　　　　　　　　建筑信息模型（BIM）建模案例教程

实心形状转换

除了直接创建空心形状，也可以先创建实心形状然后转变为空心形状对实心模型进行剪切。首先创建实心模型，在属性栏的【标识数据】中将【实心／空心】修改为【空心】，实心模型就可以转变为空心模型（图 4-30）。

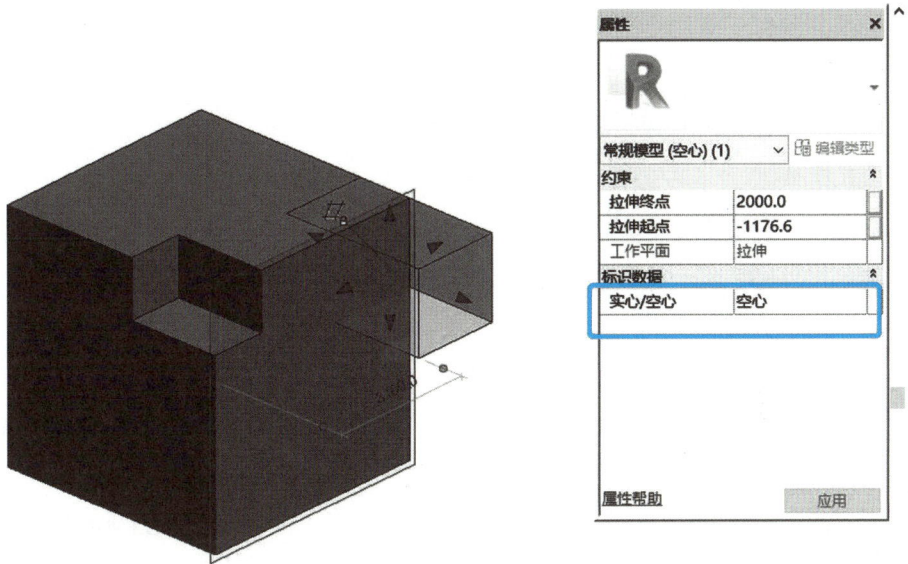

图 4-30　实心模型转变为空心模型

在这里可以看到转换后的空心并没有剪切实心模型，需要通过【剪切】工具来修改，在【修改】选项卡的【几何图形】面板中单击【剪切】按钮，依次单击实心模型和空心形状，即可完成对实心模型的剪切（图 4-31）。

图 4-31　完成剪切

几何参数

几何参数主要用于控制构件的几何尺寸,一般包含长度、半径、角度等,几何参数可通过尺寸标签添加或通过函数公式计算。

首先基于公制常规模型新建一个族,添加如图 4-32 所示的参照平面,并通过【注释】选项卡中的尺寸标注工具进行标注。然后在【创建】选项卡的【形状】面板中选择【拉伸】命令,创建如图 4-33 所示的拉伸轮廓,并将拉伸轮廓通过 🔓 按钮与参照平面锁定。

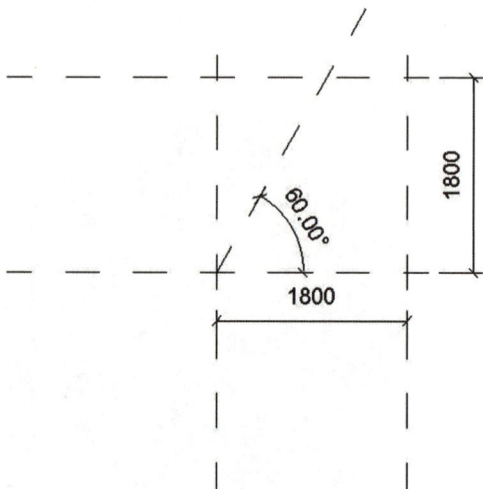

图 4-32　标注参照平面

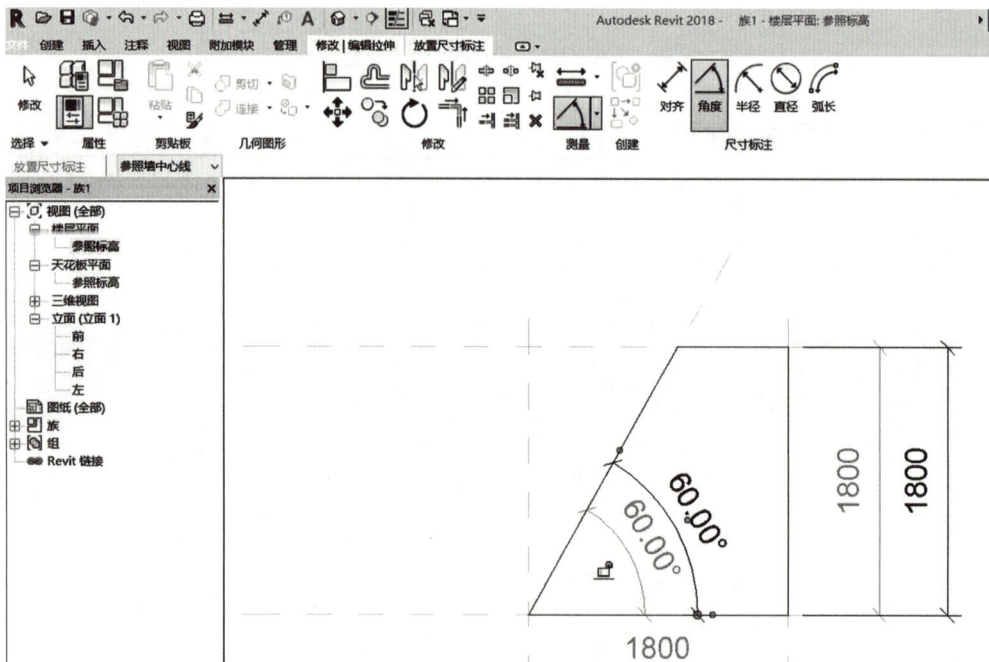

图 4-33　锁定拉伸轮廓

在属性栏的【约束】面板中单击【拉伸终点】后方的【关联族参数】按钮 ▓ （图4-34），进入【关联族参数】对话框，单击 📄 按钮新建一个族参数（图4-35）。

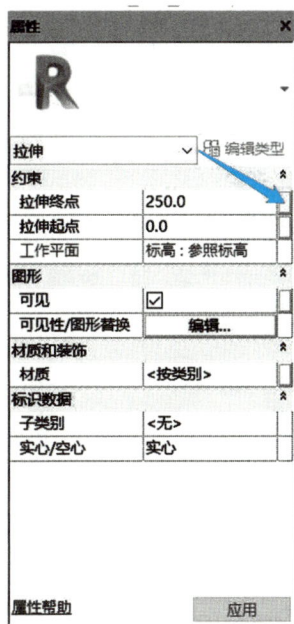

图4-34 关联拉伸终点参数

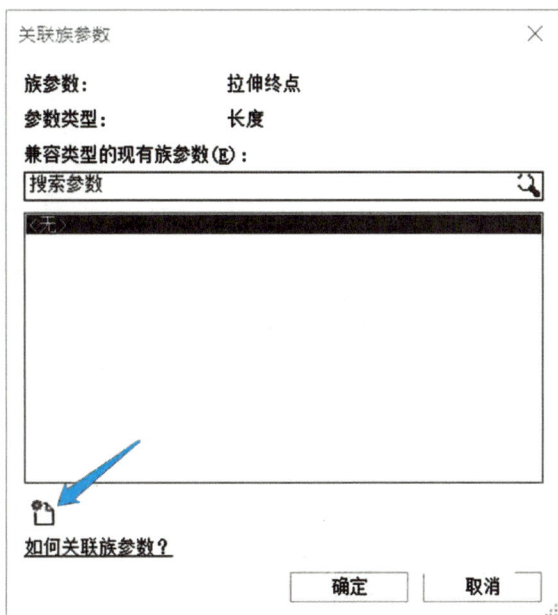

图4-35 新建族参数

在弹出的参数属性对话框设置参数名称为"高度"，分组方式为"尺寸标注"，参数形式为"类型"，单击【确定】按钮完成"高度"参数的添加（图4-36）。单击 ✔ 按钮完成简单的拉伸模型。

此时在【属性】面板中单击【族类型】按钮，弹出的族类型窗口中可以看到高度参数为"250"，将"值"修改为"500"（图4-37）。单击【确定】按钮完成高度参数的修改，模型尺寸也会发生相应变化。除了通过【关联族参数】按钮添加参数以外，还可以通过添加标签来新增参数，首先选择新建好的尺寸标注，在【修改 | 尺寸标注】选项

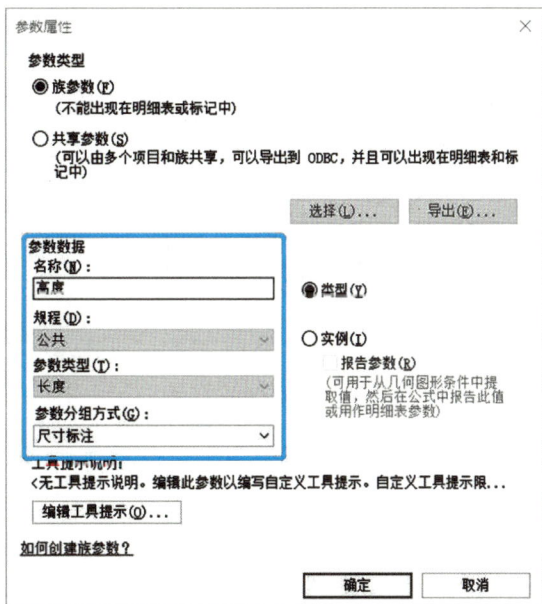

图4-36 添加高度参数

卡的【标签尺寸标注】面板中单击 📄 按钮新建尺寸参数（图4-38）。

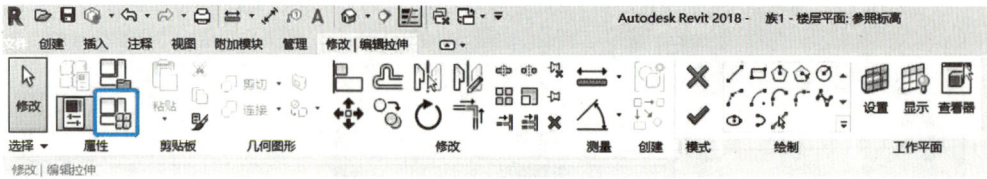

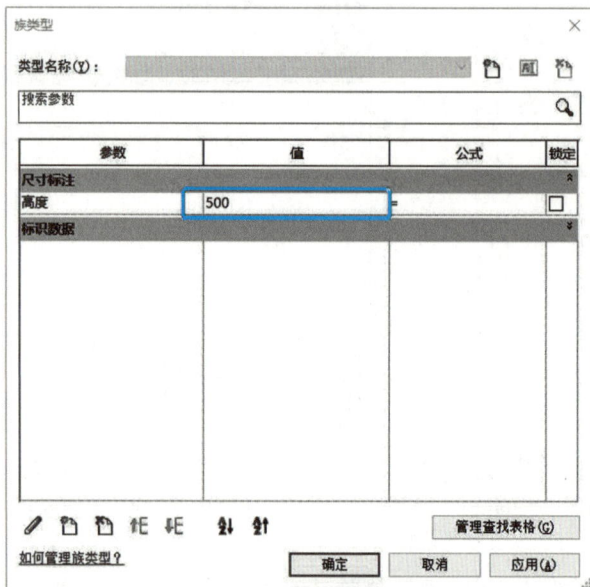

图4-37　修改高度参数

图4-38　新建尺寸参数

重复此步骤，分别添加角度、长度、宽度参数，添加完成后切换至族类型中查看（图4-39）。公式列修改长度值为"=宽度+500mm"即可将长度与宽度进行关联（图4-40），调整参数值，模型也会发生相应的改变。

材质参数

添加材质参数后，可对族赋予不同的材质，材质参数的添加方式与尺寸参数添加

图 4-39　尺寸添加完成

图 4-40　调整参数

方式相同，首先选择需要添加材质的几何模型，在【属性】栏的【材质和装饰】选项后单击【关联族参数】按钮，单击 🗋 按钮，新建材质参数（图4-41）。

设置材质名称为"模型材质"，参数类型为"类型"，参数分组为"材质和装饰"（图 4-42）。单击【确定】按钮完成材质参数的添加。

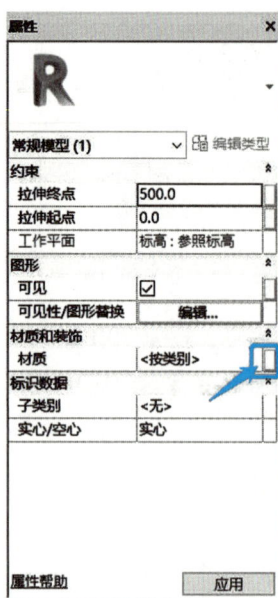

图 4-41　关联材质参数

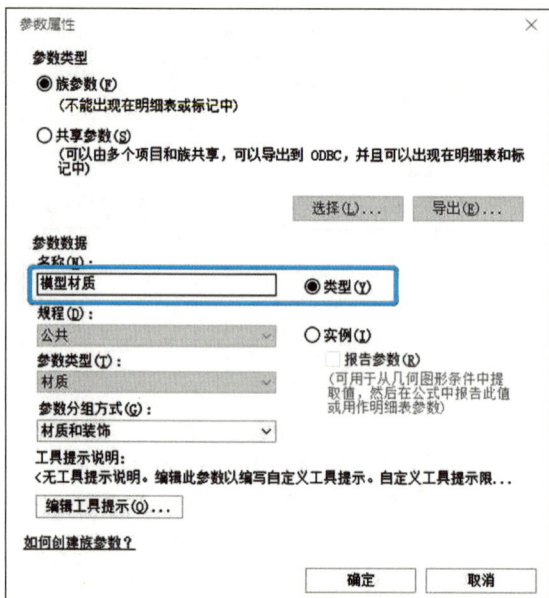

图 4-42　参数属性

在【族类型】的【材质和装饰】选项栏中单击 ⋯ 按钮，修改材质为"CMU，轻质"，单击【确定】按钮完成材质添加（图 4-43）。

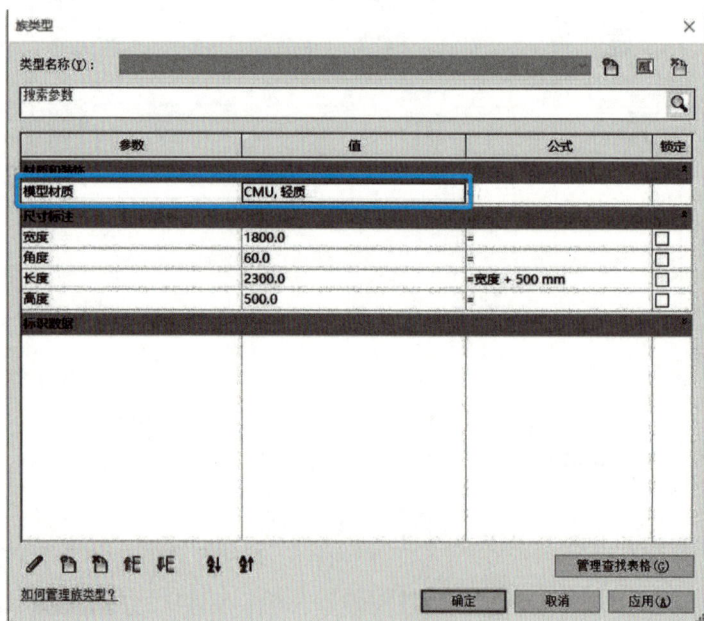

图 4-43　关联材质

建筑信息模型（BIM）建模案例教程

其他参数

其他参数种类多，按规程分为公共、结构、HAVC、电气、管道、能量等，不同的规程下又包含多种参数类型。在族类型对话框底部单击 按钮，进入参数属性对话框，添加新的参数（图4-44）。同样也可以对已创建的参数进行编辑、删除以及位置移动。

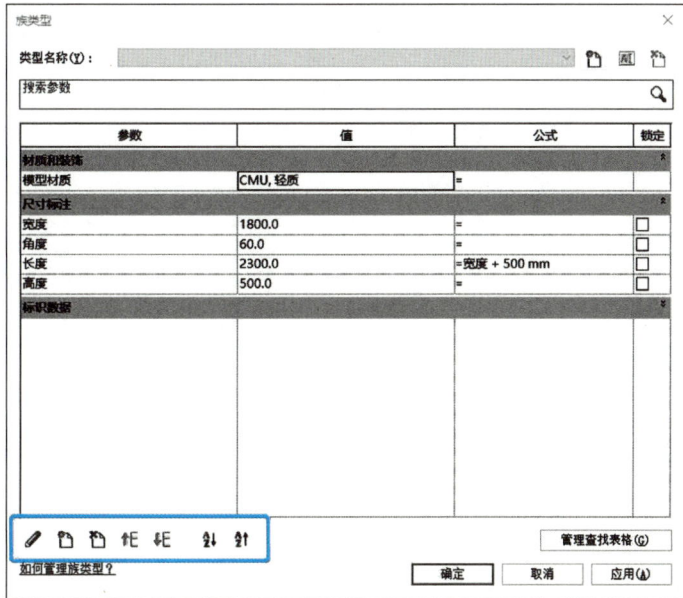

图4-44　新建参数

参数的添加方法与前面讲解的步骤一致，在这里需要注意，前面主要讲解的是类型参数的添加，同样可以对实例参数进行添加（图4-45），在使用时根据实际情况进行选择。

以门为例，实例参数在项目中显示在属性列表中，修改实例参数，只会修改当前选中的门的参数值，例如门的底高度、标高等（图4-46）。类型参数需要通过属性栏的【编辑类型】进入类型属性对话框进行编辑，例如尺寸、材

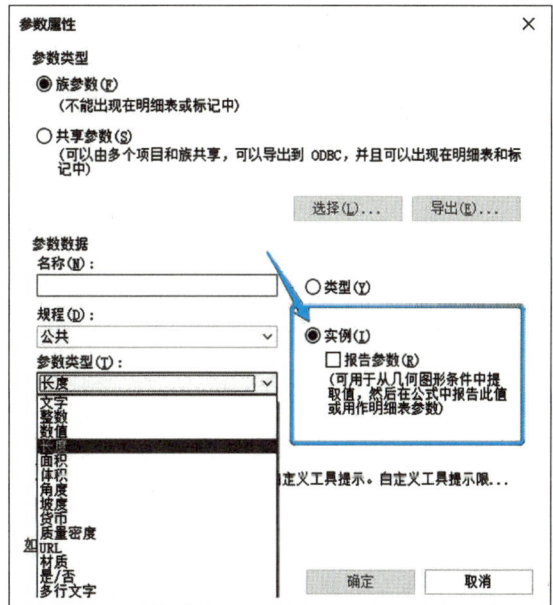

图4-45　实例参数

质等（图 4-47）。

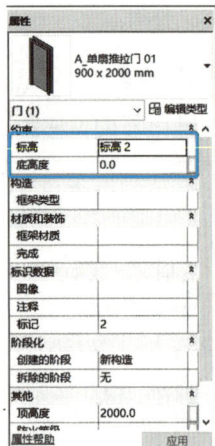

图 4-46　门实例参数　　　　　　　　　　图 4-47　类型参数

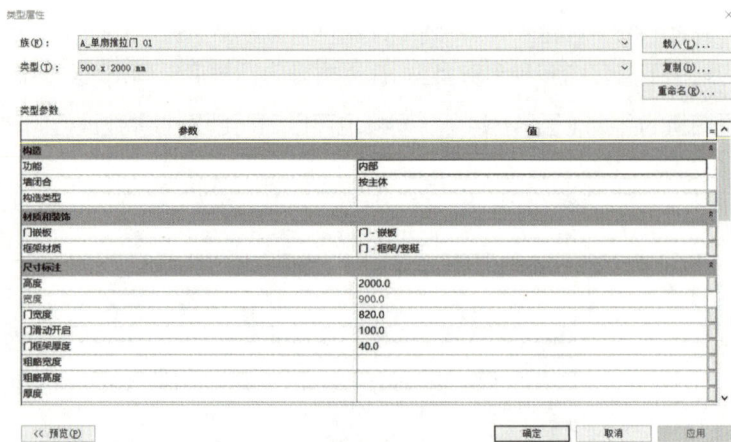

任务 4　族创建实例

三维构件族创建实例

（1）新建族

选择族样板，单击应用程序菜单，选择"新建"，然后选择"族"，最后选择"公制机械设备 .rft"族样板，单击打开。

（2）绘制参照平面

打开前立面视图，在【创建】选项卡下选择【参照平面】，绘制 2 个平面，并调整距离。

（3）创建基本形状

通过实心拉伸，创建主体形状及顶部出风口形状，通过空心形状完成底座的剪切，并通过标签工具添加风管尺寸参数。

（4）添加水管及接线口

水管接口：选中【创建】选项卡中的【设置】，设置模型侧面为工作平面；单击绘制参照平面确定水管的位置，选择【拉伸】命令，分别创建 3 个圆柱（半径用参数控制），设置拉伸终点为 50，完成水管创建（图 4-48）。

建筑信息模型（BIM）建模案例教程

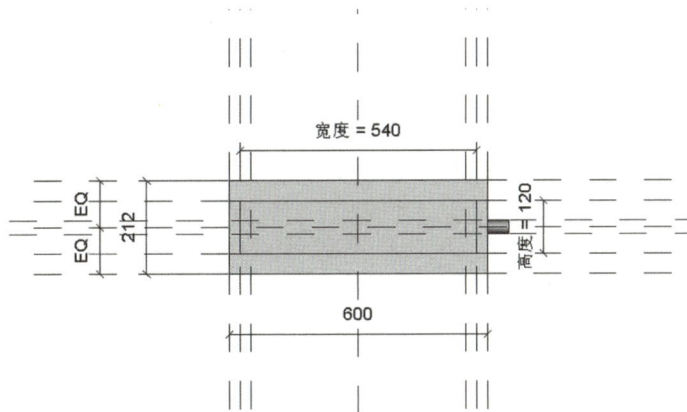

(a) 俯视图

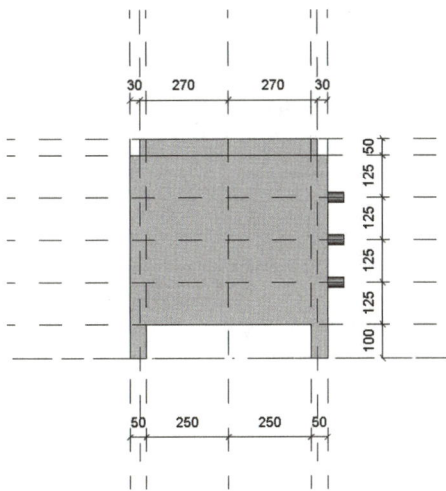

(b) 正视图

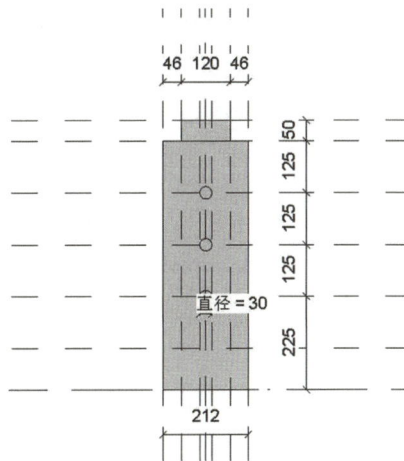

(c) 侧视图

图 4-48　风机盘管模型示意

（5）绘制电气接口

设置工作平面，选择【创建】选项卡的【空心形状】下拉菜单中的【空心拉伸】，编辑拉伸轮廓并锁定，将拉伸厚度设为 -2mm，通过模型线绘制"Z"形标识，完成电气接口创建。

（6）添加符号与连接件

选择【电气连接件】，添加到"Z"符号位置。在顶部风口位置添加【风管连接件】，侧面添加 3 个【管道连接件】，调整直径为 20（图 4-49）。

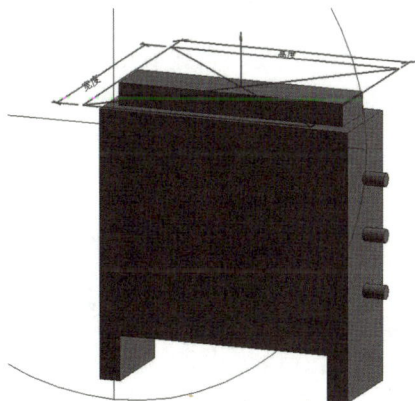

图 4-49　添加连接件

（7）关联材质及尺寸参数

选择创建的连接件，将连接件的尺寸与添加的标签参数关联，保存风机盘管族（图 4-50 ）。

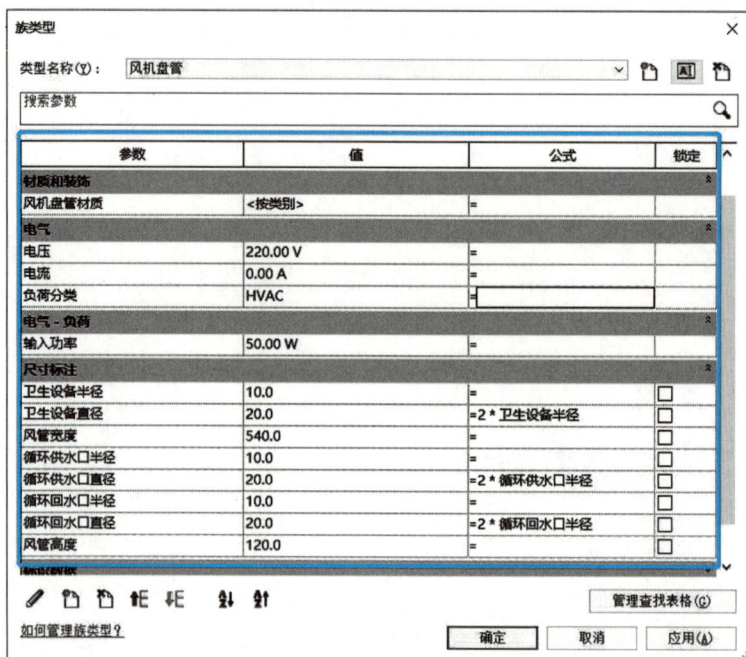

图 4-50　参数设置

符号族创建实例

打开软件，基于"公制视图标题"族样板创建一个族文件，删除样板中的红色注释文字及黑色线条。在【创建】选项卡的【详图】面板中单击【填充区域】，创建内径 8mm、外径 9mm 的圆环和宽度 1mm、长度 50mm 的粗实线填充（图 4-51）。在弹出的【修改|创建填充区域边界】选项卡中选择适当工具绘制实心填充的边界（图 4-52）。单击 ✓ 按钮完成粗实线的创建。同样的方法，在粗实线下方 2mm 位置绘制一条详图线，完成族符号的创建。

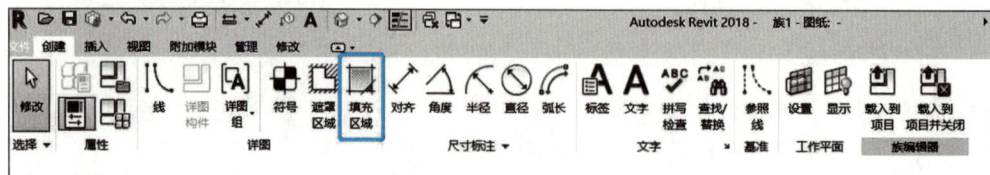

图 4-51　填充区域

建筑信息模型（BIM）建模案例教程

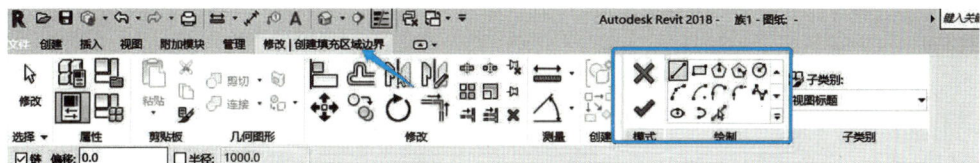

图 4-52　绘制轮廓

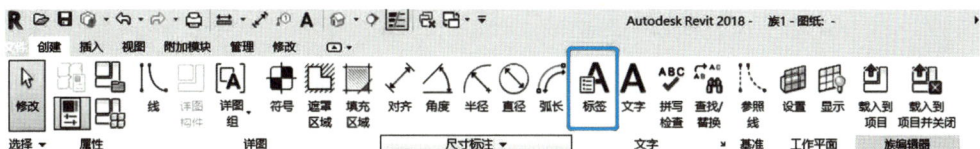

图 4-53　添加标签

创建完成后，将族保存为"详图标题"，并载入到项目中，创建完成的详图视图符号族如图 4-54 所示。

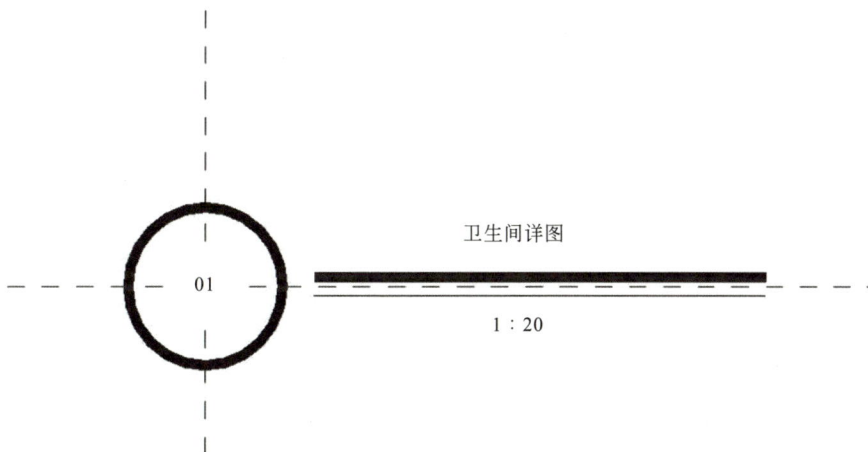

卫生间详图

01

1：20

图 4-54　详图族创建完成

轮廓族创建实例

（1）创建轮廓族

打开软件，选择"公制轮廓"样板创建一个族文件，族样板中默认提供了两个相交的参照平面，交点即为轮廓的放置点。在【创建】选项卡中单击【线】工具（图4-55）。绘制台阶状截面轮廓，如图 4-56 所示。

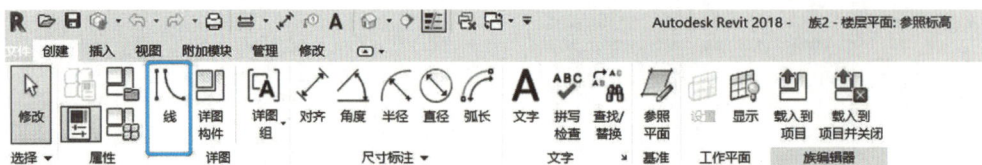

図 4-55　"线"工具

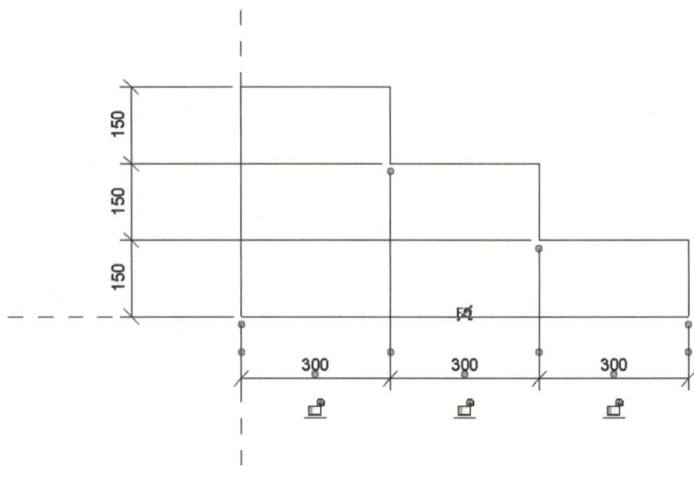

図 4-56　台阶轮廓

（2）轮廓族使用

将族保存为"3级台阶"，载入到空白项目中，绘制一个异形楼板，在楼板工具下拉列表中，单击【楼板：楼板边】工具，在弹出的属性栏中单击【编辑类型】按钮，复制一个新的楼板边类型，命名为"3级台阶"，修改轮廓为"3级台阶"并设置材质，单击【确定】按钮完成楼板边类型的创建，拾取到楼板边界即可完成台阶的创建（图4-57）。

図 4-57　使用轮廓族

　建筑信息模型（BIM）建模案例教程

RPC 族创建实例

RPC 族是一类比较特殊的族类别，其显示状况与视图的着色模式有关，常用于人物、植物、家具等配景构件。

（1）新建 RPC 族

选择"公制 RPC 族"族样板，新建一个 RPC 族文件，在打开的样板中显示如图 4-58 所示的符号，切换至三维视图，修改视图着色模式为真实，可以看到族文件显示状态如图 4-59（a）所示，切换视图样式为着色，可以看到族文件显示如图 4-59（b）所示。

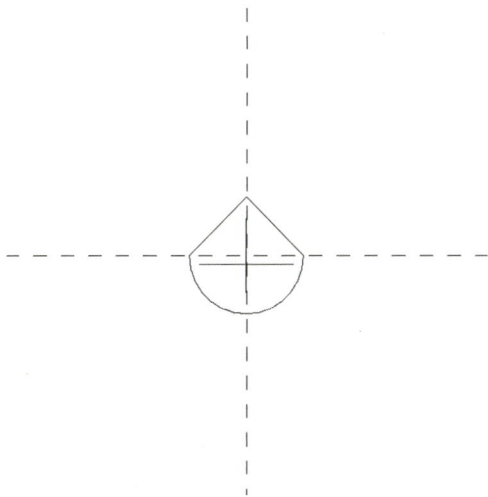

图 4-58　RPC 族样板

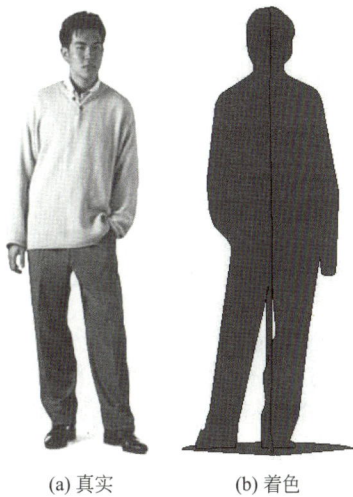

(a) 真实　　　　(b) 着色

图 4-59

（2）新建样式

选择 RPC 模型：在【属性】面板中单击【族类型】弹出族类型对话框（图 4-60）。展开数据标识列表（图 4-61），在【渲染外观】栏中单击并打开【渲染外观库】对话框（图 4-62），Revit 提供了"People""Trees"等 13 个类别的 RPC 渲染文件，将类别设置为全部，选择合适的 RPC 文件，指定给当前族文件。

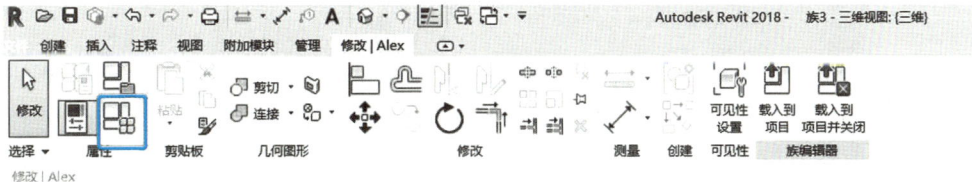

图 4-60　族类型

项目四　族和体量

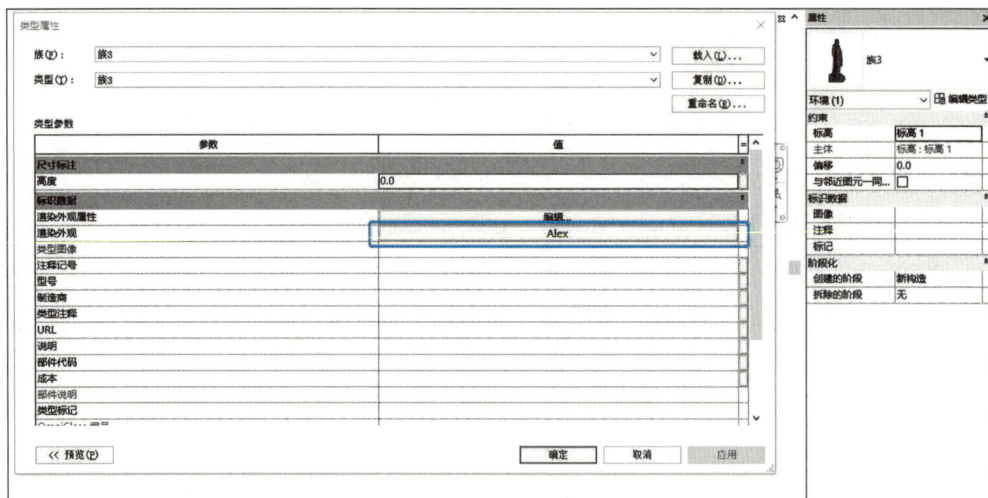

图 4-61　渲染外观

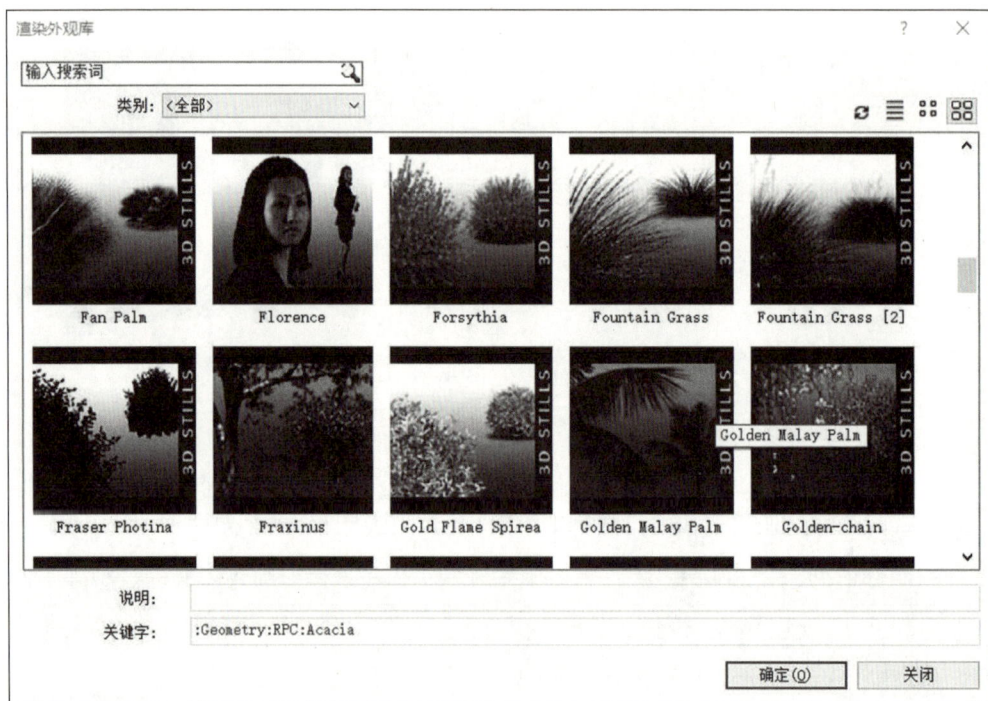

图 4-62　渲染外观库

比如设置为"Century"，单击【确定】按钮，切换到三维视图，新建的族类型如图 4-63 所示。选中该 RPC 模型，可在属性对话框中将其可见性选择框关掉除了来自"第三方"渲染库中的显示状态，还可在属性栏将渲染外观源修改为"族几何图形"（图 4-64）。

　　·　　·　　建筑信息模型（BIM）建模案例教程

图 4-63　新建族类型

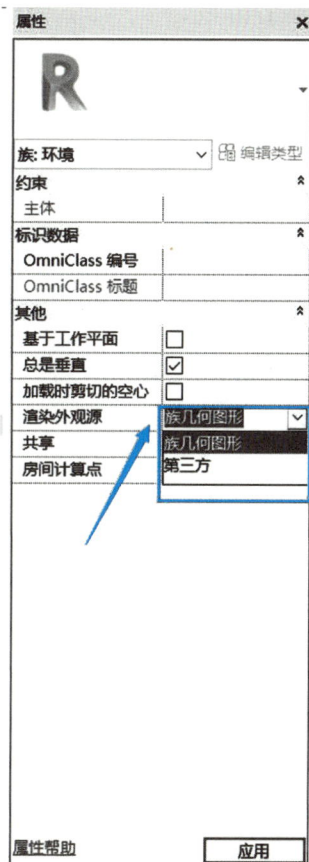

图 4-64　渲染外观源

任务 5　概念体量环境

与族相似，Revit 提供两种创建概念体量的方式：内建体量和可载入体量。

内建体量

内建体量是在项目中创建体量，在项目中【体量和场地】选项卡的【概念体量】面板中单击【内建体量】工具（图 4-65），可弹出【体量 - 显示体量以启用】窗口，单击【关闭】按钮弹出体量名称对话框。输入名称后，单击【确定】按钮进入内建体量的界面，可以创建体量。创建完成后，在【创建】选项卡的【在位编辑器】面板单击 ✔ 按钮完成体量创建，或单击 ✖ 按钮取消体量创建（图 4-66）。

图 4-65　内建体量

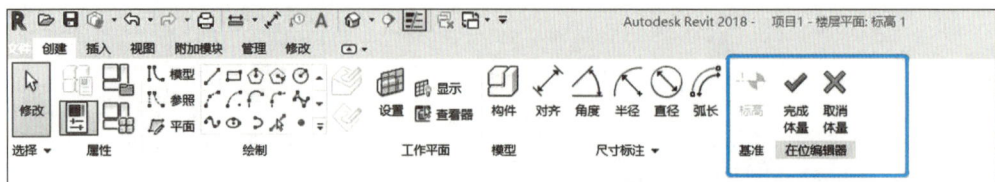

图 4-66　完成或取消体量

可载入体量

可载入体量与可载入族的创建方法类似，需基于概念体量样板来创建。单击【文件】按钮，在弹出的应用程序菜单中选择【新建】命令，单击【概念体量】按钮（图 4-67）。

在弹出的【新建概念体量 – 选择样板文件】对话框中选择【概念体量】样板，体量样板的格式为 rft，单击【打开】按钮进入体量编辑器界面，这里的界面与内建体量界面相似。

两种创建方式的区别

两种创建体量形状的方式一致，但在使用时有一定的区别，主要体现在以下两个方面：

（1）使用方式不同

内建体量是直接在项目中创建，只

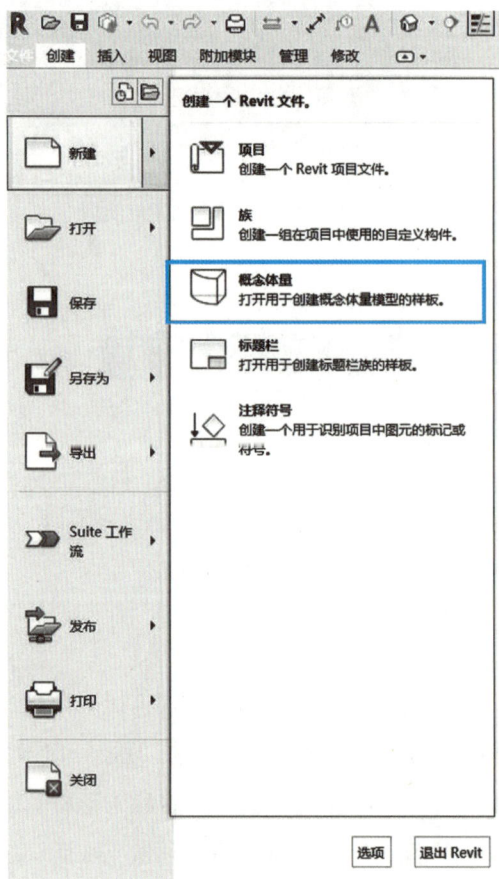

图 4-67　新建体量

能在当前项目中使用；可载入体量为单独创建，通过【载入族】插入项目中，然后通过【放置体量】来放置体量。

（2）操作的便捷性

内建体量可基于项目的标高轴网或拟建建筑的相对位置关系来进行定位；可载入体量需在体量编辑器中新建标高、参照平面、参照线来进行定位。在实际使用时，多个具有相对位置关系的体量建议采用内建体量的方式来创建，例如做场地规划；单个独立的体量设计或复杂的异形设计建议采用可载入体量来创建。

体量与参数化族的关系

（1）相同点

体量与族的创建方式相同，均为内建和外建两种方法；均需要基于族样板进行创建，样板的格式均为 rft；同时体量与族的文件格式也相同，均为 rfa；二者添加参数的方式也基本相似。

（2）不同点

数量级不同，在体量和族中分别绘制参照平面，可以发现，体量中绘制的尺寸较大，而族尺寸较小。体量中采用的比例为 1∶200，族中采用的比例为 1∶10 或 1∶20（当然比例可以自定义）。所以，体量常用于较大模型的创建，如一栋建筑物，族常用于建筑构件的创建，如家具。体量和族的数量级对比如图 4-68 所示。

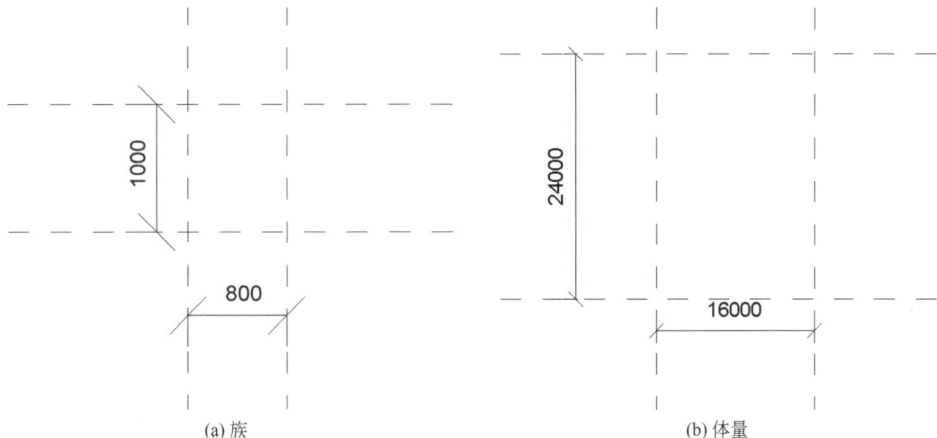

图 4-68　数量级对比

创建形状的方式不同

族创建的工具主要为拉伸、放样、融合、旋转、放样融合以及对应的空心工具；

体量创建为基于点、线、面创建实心或空心模型。族能创建的模型体量同样能够创建，并且体量能创建更为复杂的模型。

默认参数不同

族样板提供的默认参数与族的类型有关；体量提供的参数为"默认高程"，并且当体量载入项目中后，会自动计算总表面积、总楼层面积以及总体积。

任务 6　体量创建

创建体量形状

（1）参照线

参照线是体量中的基本图元，在体量编辑器界面的【绘制】面板中选择【参照】选项可创建参照平面（图 4-69）。参照线有起点、终点，直线自带 4 个参照平面（起点、终点垂直方向及沿直线方向的 2 个正交的参照平面），曲线自带 2 个参照平面（起点、终点垂直方向）（图 4-70）。参照线可以通过端点及交点的控制手柄进行修改。

图 4-69　创建参照线

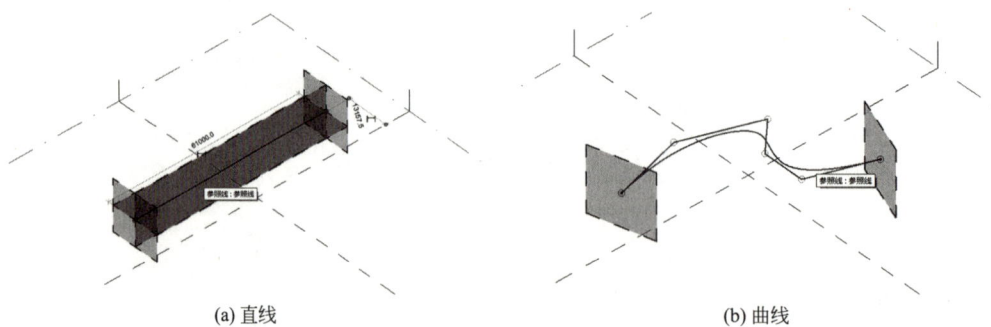

(a) 直线   (b) 曲线

图 4-70　参照线

　　·　　　　·　　　　建筑信息模型（BIM）建模案例教程

（2）参照点

参照点分为自由点、基于主体的点、驱动点 3 种
类型。在【创建】选项卡的【绘制】面板中单击【参照】
选项工具 ⚫ 可以创建参照点。自由的点可在工作平
面中自由放置；基于主体的点通过移动光标到参照主
体（三维模型的边、模型线、参照线）（图 4-71）；
驱动点具有 3 个方向的驱动手柄，通过拖曳手柄可改
变主体的形状。

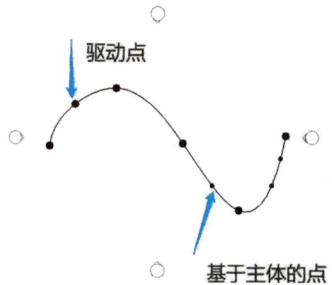

图 4-71 参照点

基于主体的点自带一个与主体垂直的参照平面，可在平面上创建形状；当选中基
于主体的点时，会弹出【修改 | 参照点】选项卡，在工具条中单击【生成驱动点】按
钮可将基于主体的点转换为驱动点（图 4-72）。

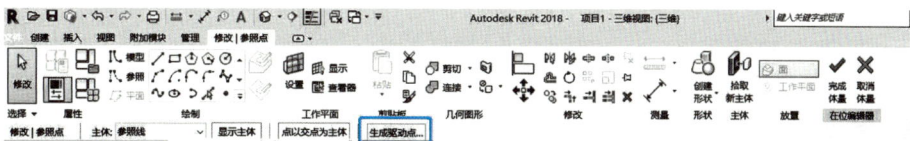

图 4-72 转换驱动点

（3）模型线与实心形状

模型线可基于工作平面绘制，也可以在几何模型的表面绘制。首先，在【工作平
面】面板中将【显示】切换为打开状态，单击【设置】按钮设置需要绘制模型线的平面
（图 4-73）。

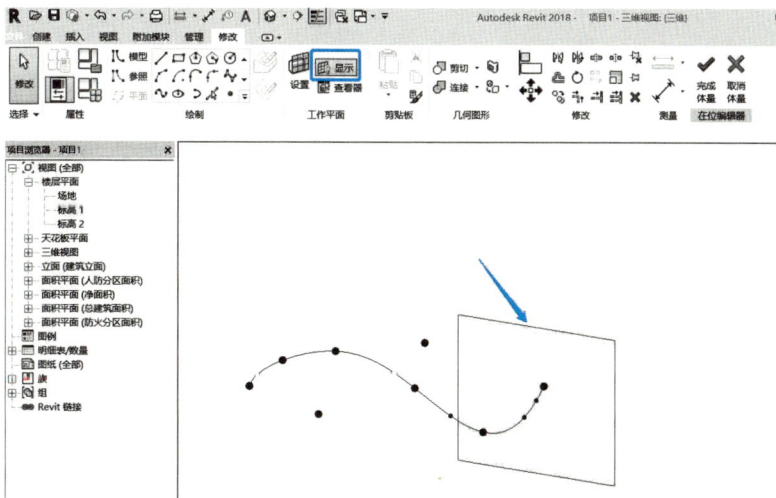

图 4-73 设置工作平面

项目四 族和体量

接下来，在【绘制】面板中单击【模型】按钮，选择适当的绘制工具创建模型线（图4-74）。

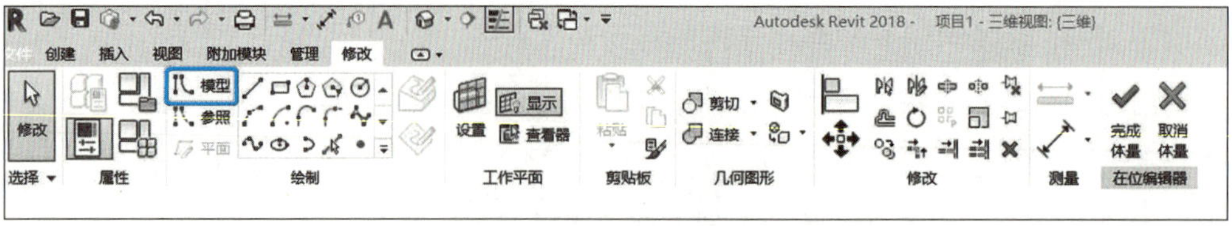

图4-74　创建模型线

重复上述步骤，在不同的平面上创建不同形式的模型线，同时选中创建的模型线，在【修改|线】选项卡中会出现创建形状工具（图4-75）。单击【创建形状】按钮即可创建一个简单的体量模型（图4-76）。在创建的几何模型边界添加点，并在点确定的参照平面上绘制模型线，然后选中模型线与几何模型的边界轮廓，单击【创建形状】按钮，可完成如图4-77所示的体量形状。

（4）空心形状

除了创建实心形状，还可以创建空心形状，首先和实心形状一样，在模型表面创建模型线，选中模型线，在【创建形状】下拉列表中单击【空心形状】，单击界面空白位置，可创建空心形状对实心形状进行剪切，如图4-78所示。

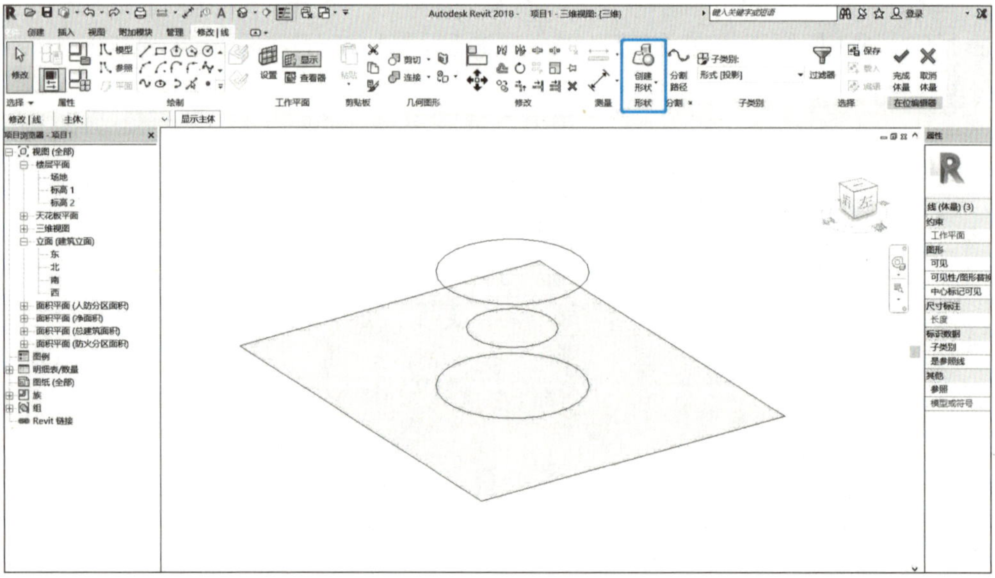

图4-75　创建体量形状

图 4-76 实心体量

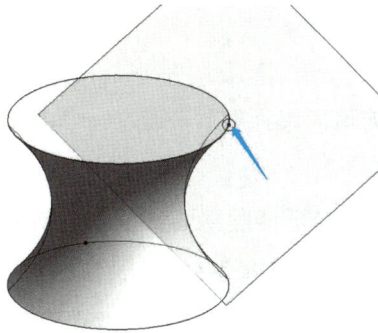

图 4-77 轮廓与路径生成体量

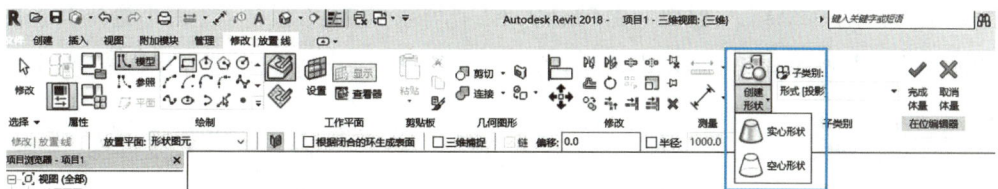

(a) 创建空心形状

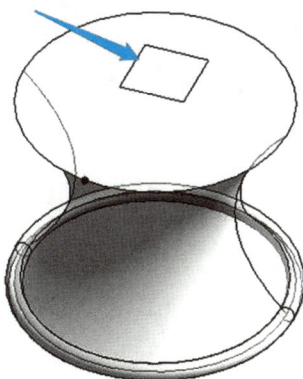

(b) 实心表面创建模型线

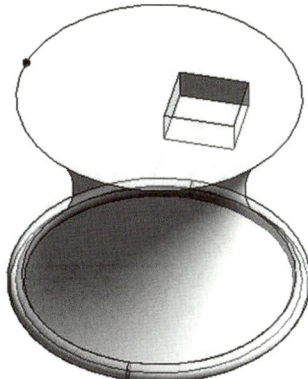

(c) 生成空心剪切

图 4-78 空心形状

体量参数

与族参数的添加方式相似，可以为体量赋予材质、尺寸以及其他数据参数，方便对体量模型进行参数化控制。具体方法参照族参数的添加方法。

（1）有理化表面处理

有理化表面处理是指对模型的表面按照一定规则进行分割，然后填充适当的形状，满足设计的使用要求。常用的表面处理方法有 UV 网格分割和通过相交分割两种。

UV 网格分割

创建与编辑网格

UV 网格分割表面的方法简单，接下来通过一个小案例讲解 UV 网格分割的操作方式。

首先新建一个体量，切换至楼层平面，在【绘制】面板中绘制 170000mm×170000mm 的正方形模型线，选中模型线，创建实心立方体形状；切换至三维视图，按【Tab】键选择立方体上表面，修改高度为 50000mm，创建的 170000mm×170000 mm×50000 mm 立方体体量模型（图4-79）。选中立方体，在【修改|形式】选项卡的【分割】面板中单击 按钮，弹出默认分割设置对话框（图4-80）。在弹出的对话框中默认 UV 网格均为"数量: 10"，可以修改为【距离】、【最小距离】、【最大距离】，并按图 4-81 所示设置距离的尺寸。单击【确定】按钮完成默认分割设置。

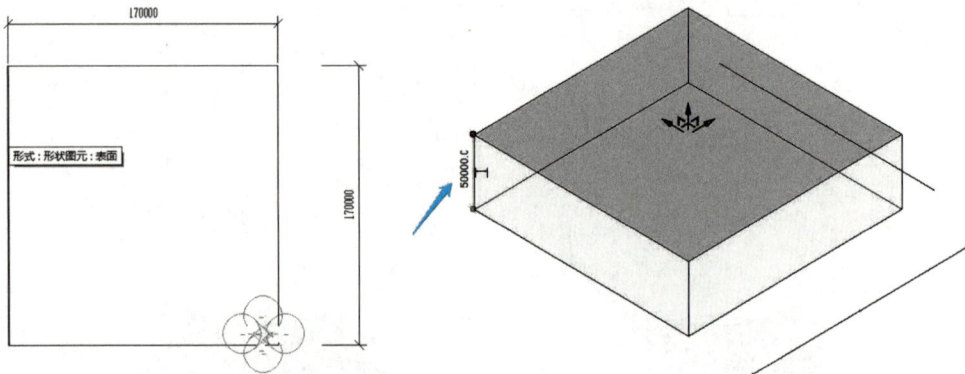

图 4-79　创建体量模型

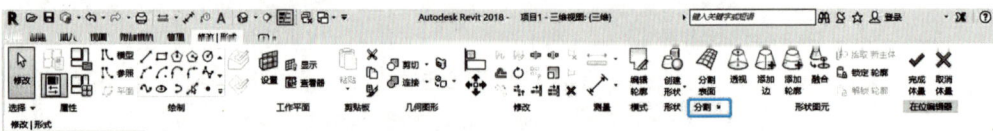

图 4-80　设置默认分割

选择体量的表面，单击【分割表面】按钮可按照设置的默认分割方式对体量表面进行自动分割。选择分割后的表面，在【修改|分割的表面】选项卡的【UV 网格和交点】面板中，"U 网格"以及"V 网格"将会高亮显示（图 4-82）。

当选中表面时，工具条和属性栏会显示 UV 网格的属性，修改参数可调整网格的形状。在属性栏中，修改 UV 网格的距离为 5000mm，顶部网格旋转为 30°，U 网格对正方式为终点，V 网格对正方式为起点，其他参数保持为默认，设置完成如图 4-83 所示。

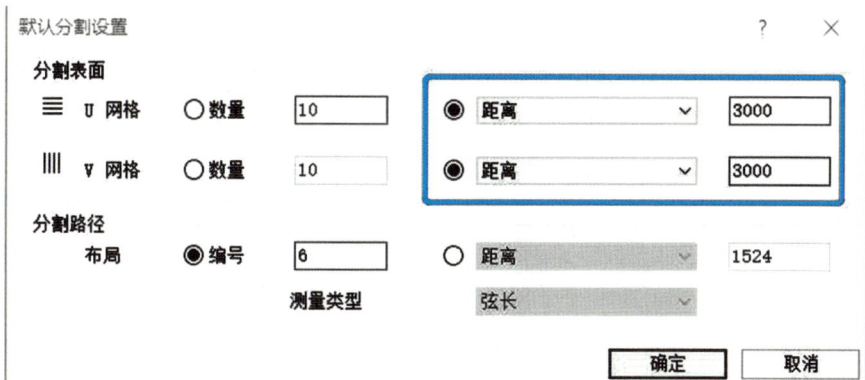

图 4-81 修改默认设置

图 4-82 显示 UV 网格

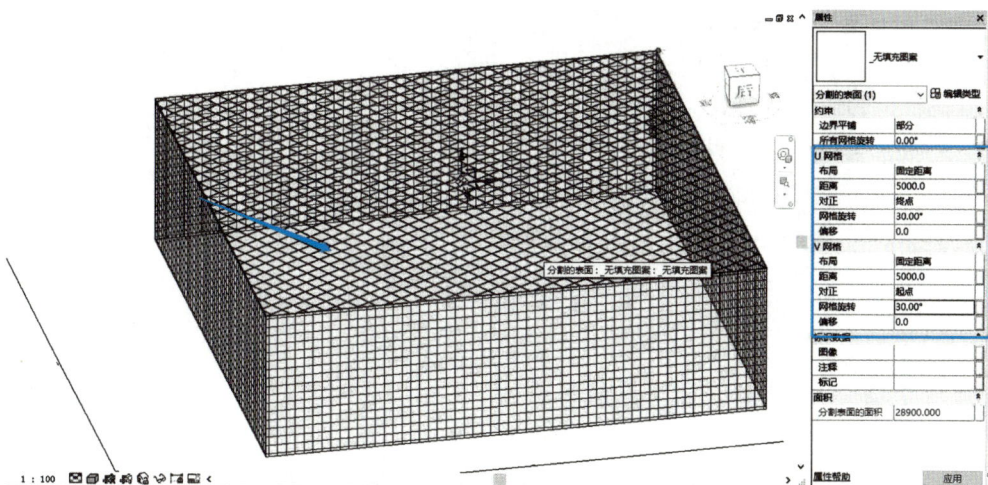

图 4-83 网格属性设置

网格的布局方式包括固定距离、固定数量、最大间距、最小间距 4 种，对正方式有起点、中心、终点 3 种，角度可在 -89°～89° 内任意设置。

添加表面填充图案

接下来为分割完成的表面添加填充图案，在体量编辑器中默认提供了六边形、错缝、菱形、Z 字形、八边形等 14 种填充样式。可以在属性栏类型浏览器中应用到分割表面。选择需要应用填充图案的表面，在属性栏中可以看到，分割表面的默认类型为"无填充图案"，单击下拉按钮，展开类型浏览器，在下拉列表中选择"六边形"

应用到分割表面，切换到"着色"模式查看（图 4-84）。

　　填充图案的编辑与 UV 网格的编辑方式相同，除了对约束条件、布局方式、网格旋转、偏移的设置外，还可以对图案进行缩进、旋转、镜像、翻转。以上操作均可以在属性栏进行设置，如图 4-85 所示。除了使用系统自带的分割表面形状，也可以通过族自定义新的样式载入体量中使用。在【修改 | 分割的表面】选项卡的【表面表示】面板中可设置分割表面和填充图案的可见性（图 4-86）。

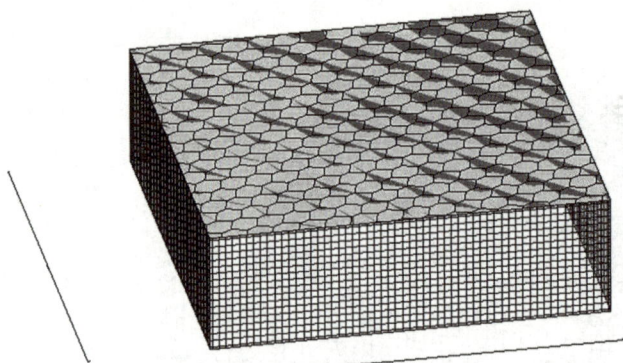

图 4-84　填充图案

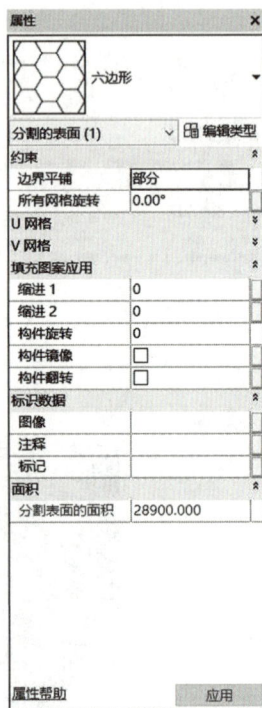

图 4-85　编辑分割表面

图 4-86　分割表面显示控制

（2）相交分割表面

　　相交分割表面可通过标高、参照平面以及平面上的线生成分割形式。首先新建一个体量，在体量中创建标高及参照平面，并对参照平面命名。切换至南立面视图，创建如图 4-87 所示的模型线。选择直线和闭合轮廓，单击【创建形状】按钮，创建如

图 4-88 所示的体量模型。

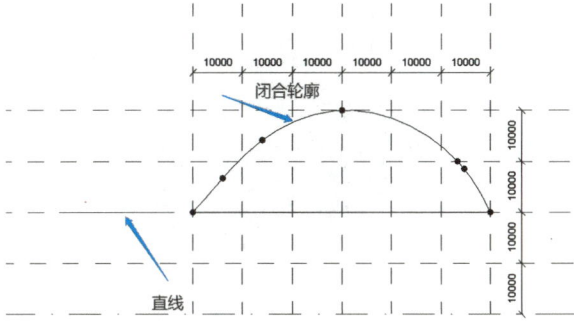

图 4-87 参照平面与模拟线

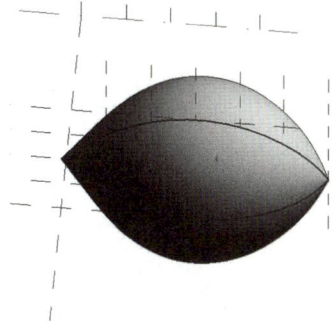

图 4-88 体量形状

　　选择体量表面，单击【分割表面】按钮，选择分割完成的表面，在【UV 网格和交点】面板禁用 UV 网格，并展开"交点"下方的下拉列表，切换为【交点列表】（图 4-89）。

　　单击【交点列表】按钮，在弹出的【相交命名的参照】对话框中勾选全部标高及参照平面（图 4-90）。单击【确定】按钮，完成表面分割，同样的方法对其他表面进行分割（图 4-91）。将表面填充图案设置为矩形，创建完成的体量形状如图 4-92 所示。

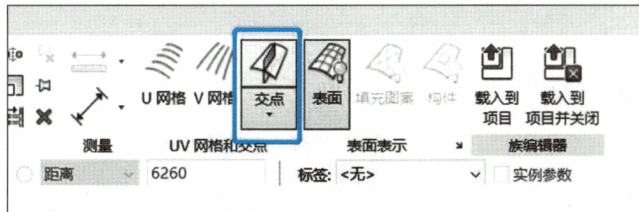

图 4-89 交点列表

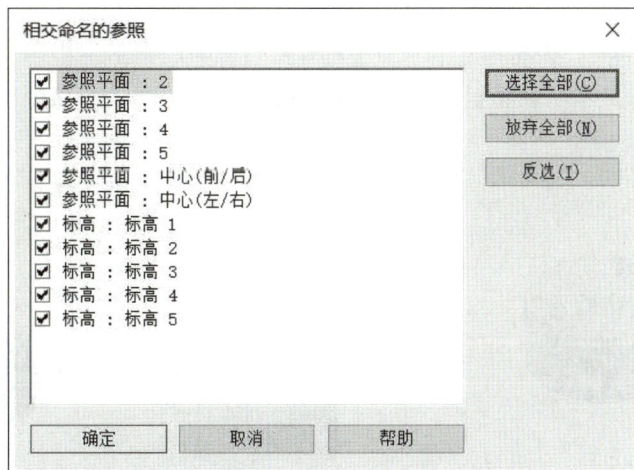

图 4-90 选择命名的参照

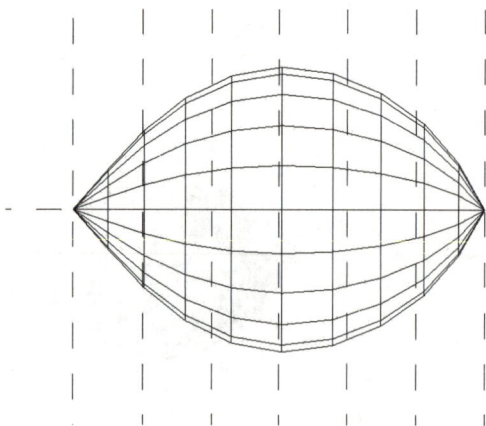

图 4-91 生成表面分割

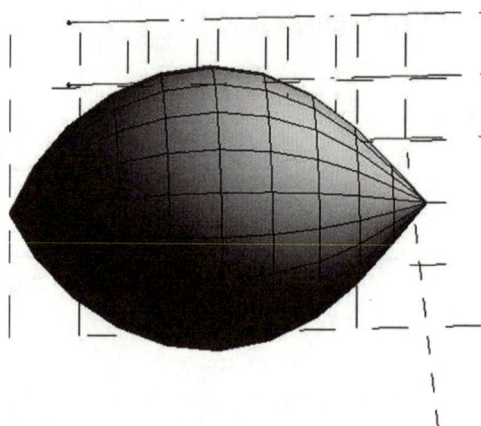

图 4-92 表面填充

表面分割越细致，填充的图案越美观，通过体量的表面分割可创建出许多异形的模型，为设计师提供更具艺术效果的设计方案。

任务 7 体量创建案例

实例 1 某电视塔

新建一个体量，切换至"南立面"视图，并创建 20m、50m、85.6m 三个标高。切换至楼层平面"标高 1"，绘制半径为 10m 的模型线，选择模型线，单击【创建形状】按钮，会提供两种创建形状的方式：圆柱、球体；选择圆柱，创建一个圆柱体（图 4-93）。

切换至南立面，创建如图 4-94 所示的参照平面，通过三角函数关系，确定圆柱的顶部高度，并拖曳表面至图示位置。切换至三维视图，选择顶部并修改半径为 5m，如图 4-95 所示。

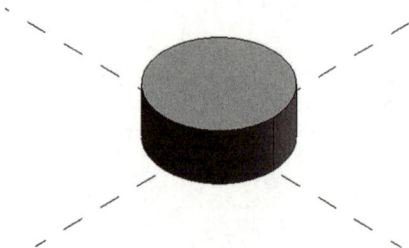

图 4-93 创建圆柱体

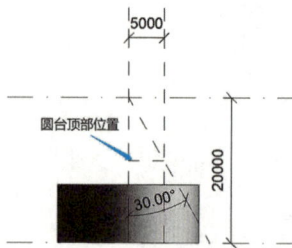

图 4-94 确定顶部

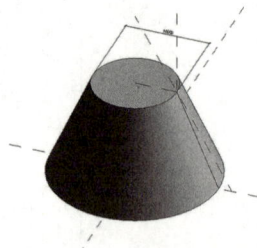

图 4-95 修改顶部半径

接下来切换至南立面，以标高 2 与参照平面交点为圆心，创建半径为 10m 的模型线，选择模型线，单击【创建形状】按钮，创建一个球体，创建完成的球体如图 4-96 所示。

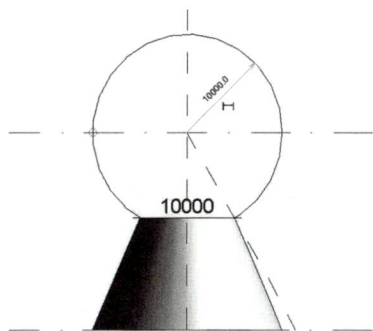

切换至标高 3，绘制 5000mm×5000mm 的模型线，如图 4-97（a）所示，选择模型线，创建实心棱柱形状，在立面视图中修改棱柱顶部、底部分别与标高 3、标高 2 对齐。

切换至标高 3，绘制半径为 5m 的圆形模型线，如图 4-97（b）所示。选择模型线，创建实心球体，创建完成的模型如图 4-98 所示。接下来，根据三角函数关系，创建如图 4-99 所示的模型线，并在其正上方创建一条垂直的直线，选择模型线创建实心形状，创建完成，如图 4-100 所示。

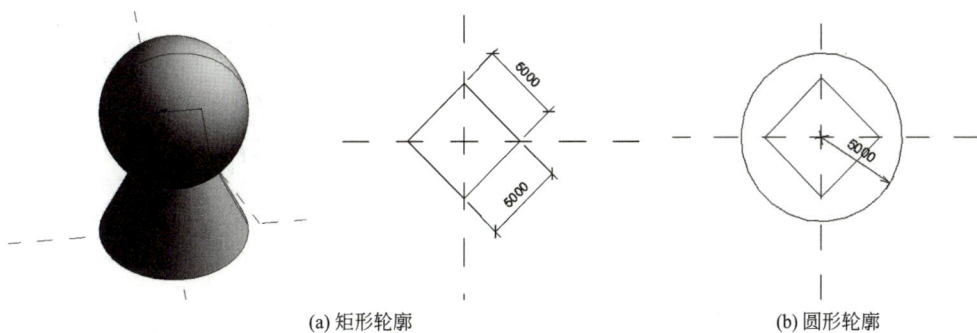

图 4-96　创建球体

(a) 矩形轮廓

(b) 圆形轮廓

图 4-97

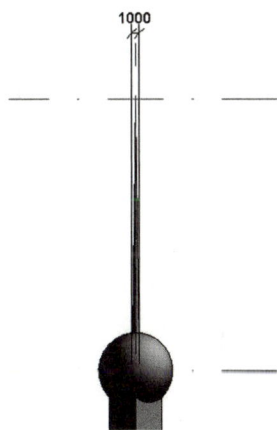

图 4-98　实心模型　　　图 4-99　创建模型线及旋转轴　　　图 4-100　体量模型完成

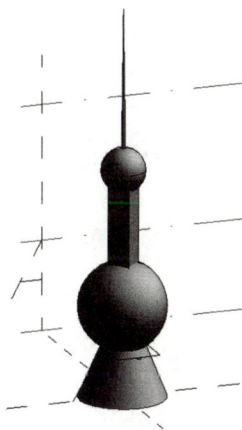

体量模型创建完成后，可通过【修改】选项卡的【几何图形】面板中的【连接】

工具将模型连接为一个整体，并为模型添加材质参数（图 4-101）。

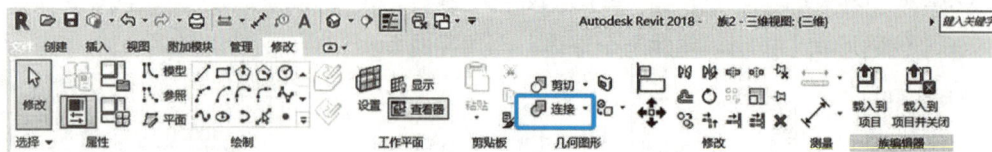

图 4-101　连接模型

实例 2　体量大厦

首先新建一个体量，在"南立面"创建如图 4-102 所示的模型线，选择模型线，创建实心形状，调整拉伸的深度为 20m。选择创建的体量，在【修改 | 形式】选项卡的【修改】面板中选择工具 ，以"中心左 / 右"为对称轴，镜像到另一侧，创建完成的体量形状如图 4-103 所示。

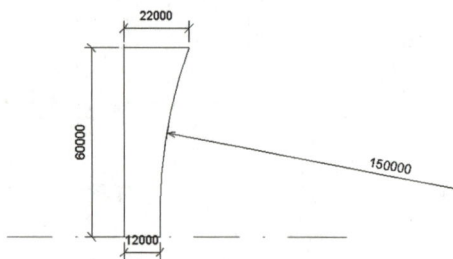

图 4-102　创建体量轮廓

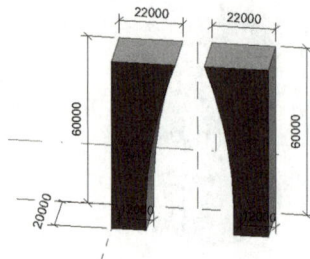

图 4-103　创建并镜像形状

切换至南立面，继续创建形状，绘制如图 4-104 所示的模型线。选择轮廓，单击【创建形状】按钮创建实心模型，将内部的体量模型两侧均向内缩进 2m，完成基本体量模型的创建，如图 4-105 所示。除了用实心形状，也可以通过空心剪切完成体量的创建，创建完成后保存体量，名称命名为"体量大厦"。

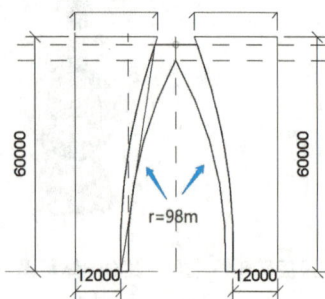

图 4-104　创建内部形状

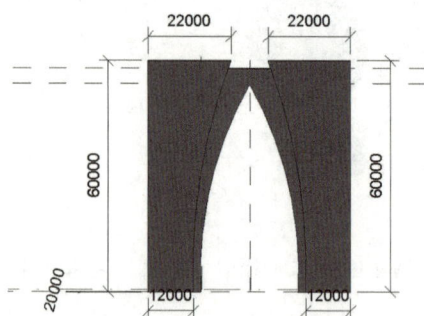

图 4-105　创建内侧体量

建筑信息模型（BIM）建模案例教程

任务 8　体量在项目中的应用

除了创建体量模型，还可以基于体量快速创建建筑模型包括楼板、墙体、屋顶等。

体量楼层

在项目中，可以基于标高将体量模型拆分为若干楼层，并基于楼层创建楼板。首先新建一个建筑项目，将前面创建的"体量大厦"载入项目中，在【体量和场地】选项卡的【概念体量】面板中选择【放置体量】工具（图 4-106），在项目任务位置放置"体量大厦"。

切换至任意立面视图，从地面开始创建 15 个间距为 4m 的标高，选择"体量大厦"，在【修改|体量】选项卡的【模型】面板中单击【体量楼层】按钮（图 4-107）。

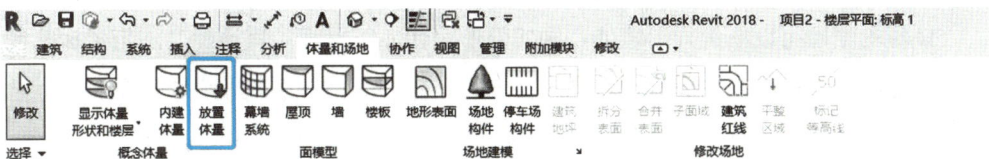

图 4-106　放置体量

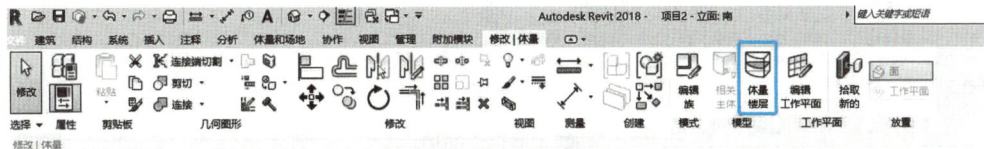

图 4-107　体量楼层

在弹出的"体量楼层"对话框中选择全部标高，单击【确定】按钮完成楼层创建，结果如图 4-108 所示。在【体量和场地】选项卡的【面模型】面板中选择【楼板】工具（图 4-109）。在弹出的【修改|放置面楼板】选项卡的【多重选择】面板中单击【选择多个】按钮（图 4-110）。选中所有楼层，在属性栏的【类型选择器】中设置适当的楼板类型，在【多重选择】面板中单击【创建楼板】按钮完成楼板的生成。

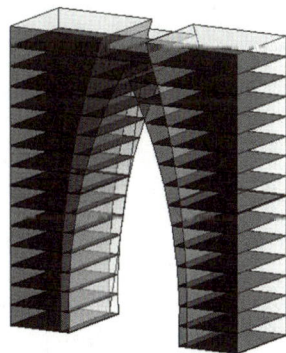

图 4-108　生成楼层

图 4-109　楼板工具

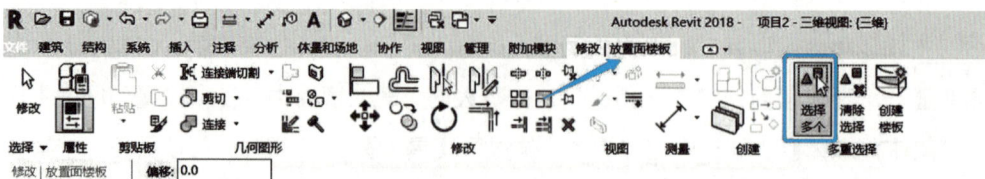

图 4-110　选择多个

面墙

体量的面墙可以创建异形墙体，例如弧形墙体、斜墙等。其创建方法与楼板的创建方法相似。首先在【体量和场地】选项卡中单击【墙】按钮（图 4-111），然后选择需要创建墙体的类型，拾取到体量表面并单击，完成墙体创建（图 4-112）。

图 4-111　面墙

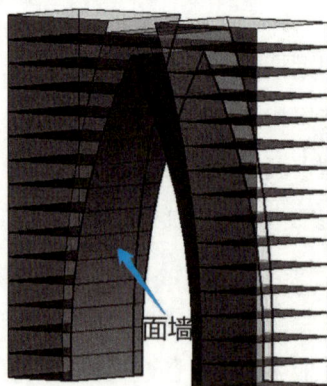

图 4-112　生成面墙

除了在体量和场地选项卡生成面墙外，也可以在【建筑】选项卡的【墙体】工具中通过【面墙】命令来创建。

幕墙系统

通过幕墙系统能快速生成幕墙布局，包括幕墙网格、嵌板、竖梃，创建方法与面楼板相似。在【体量和场地】选项卡的【面模型】面板中单击【幕墙系统】按钮，如图 4-113 和图 4-114 所示。

在【类型选择器】中设置幕墙类型为"1500mm×3000mm"，边界竖梃设置为"矩形竖梃：50mm×150mm"。拾取到需要创建幕墙系统的表面，单击【创建系统】按钮完成幕墙系统的创建，如图 4-115 所示。

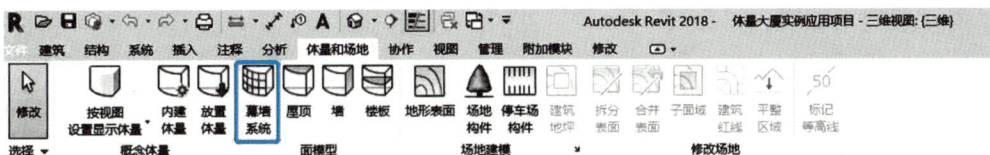

图 4-113　生成幕墙系统

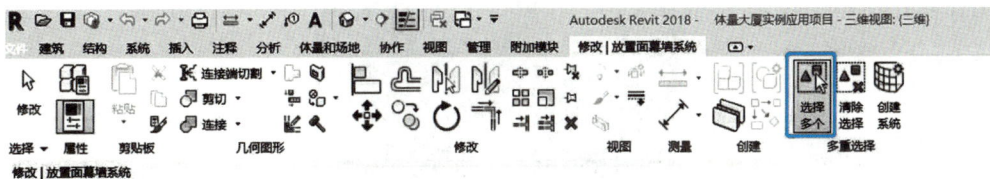

图 4-114　选择多个

图 4-115　幕墙系统完成

在创建时，选择的面积越大，创建过程越慢；除了在体量和场地中创建外，也可以通过【建筑】选项卡的【构建】面板中的【幕墙系统】工具创建。

面屋顶

面屋顶工具可基于体量形状快速创建屋顶或玻璃斜窗，提供更便捷的屋顶造型方案。首先在【体量和场地】选项卡的【面模型】中选择【屋顶】工具（图 4-116）。选择适当的屋顶类型，拾取到体量顶部，完成屋顶的创建。基于体量的面模型在体量被删除后仍然存在，创建完成的面模型如图 4-117 所示。

图 4-116　屋顶工具

图 4-117　面模型完成

体量分析

载入项目中的体量会自动计算体积面积等参数，选中体量，在属性栏中可以看到体量的总表面积、总体积、总楼层面积（图 4-118）。单击【编辑】按钮可对体量楼层进行重新定义。Revit 中提供体量的明细表工具，可对体量楼层、墙体、分区、洞口、

建筑信息模型（BIM）建模案例教程

天窗等构件创建明细清单。在【视图】选项卡的【创建】面板中选择【明细表】，弹出【新建明细表】对话框，在体量选项中展开并选择【体量楼层】，添加适当的明细表字段，生成如图 4-119 所示的明细表。

图 4-118　体量参数

<体量楼层明细表>

A	B	C	D	E
标高	楼层周长	楼层面积	外表面积	楼层体积
标高 1	136000	560.00	542.86	2227.98
标高 2	135509	555.09	542.19	2221.48
标高 3	135672	556.72	544.32	2241.04
标高 4	136489	564.89	549.38	2286.88
标高 5	137965	579.65	557.36	2359.18
标高 6	140106	601.06	568.30	2458.30
标高 7	142924	629.24	582.31	2584.88
标高 8	146435	664.35	599.43	2739.42
标高 9	150657	706.57	619.81	2922.91
标高 10	155614	756.14	643.58	3136.38
标高 11	161337	813.37	670.93	3381.25
标高 12	167862	878.62	702.08	3658.99
标高 13	175233	952.33	737.30	3971.67
标高 14	183506	1035.06	679.23	4274.65
标高 15	148000	1080.00	1744.81	3889.47

图 4-119　体量明细表